"领先一步学科学"系列

谁来保护我们的家园

主　　编　杨广军
副 主 编　朱焯炜　章振华　张兴娟
　　　　　胡　俊　黄晓春　徐永存
本 册 主 编　王　倩

上海科学普及出版社

图书在版编目（CIP）数据

谁来保护我们的家园 / 杨广军主编.—上海：上海科学普及出版社，2013.7（2018.4 重印）
（领先一步学科学）
ISBN 978-7-5427-5794-4

Ⅰ.①谁… Ⅱ.①杨… Ⅲ.①环境保护–青年读物②环境保护–少年读物 Ⅳ.①X-49

中国版本图书馆 CIP 数据核字(2013)第 107139 号

组　　稿	胡名正　徐丽萍
责任编辑	徐丽萍
统　　筹	刘湘雯

"领先一步学科学"系列
谁来保护我们的家园
主编　杨广军
副主编　朱焯炜　章振华　张兴娟
　　　　胡　俊　黄晓春　徐永存
本册主编　王　倩
上海科学普及出版社出版发行
（上海中山北路 832 号　邮政编码 200070）
http://www.pspsh.com

各地新华书店经销　北京柯蓝博泰印务有限公司印刷
开本 787×1092　1/16　印张 13　字数 200 000
2013 年 7 月第 1 版　2018 年 4 月第 2 次印刷

ISBN 978-7-5427-5794-4　　定价：25.80 元

卷首语

地球，是我们共同生存与心灵的家园。一直以为地球上的水、空气是无穷无尽的，一直以为我们可以永无止境地开发、索取，也一直以为我们可以不受限制，无所顾忌地排放……今天，当人们面临资源的短缺，自身的生存与发展都受到威胁时，我们可曾清醒？我们可也扪心自问，是否应该深刻反思人类自身的鼠目寸光及愚不可及？

当我们亲身经历土壤的沙漠化、心痛森林遭到破坏、目睹温室效应的后果、频繁遭受酸雨侵害时，我们可能顿悟，懊悔走过当初所谓的"成功发展之路"……破坏了安身立命的地球家园，我们的心灵何以安宁？又拿什么去遐想美好的未来？又把什么去留给子孙后代？

来吧，让我们一起走进本书，细数身边林林总总的环境污染，一起讨论怎样构筑美好的家园吧。

目 录

·发展的代价——形式多样的环境污染·

社会进步知多少——生活的变化 …………………………………… (3)
"三废"的危害——工业污染 ……………………………………… (9)
伦敦烟雾事件——无色杀手二氧化硫 …………………………… (13)
洛杉矶光化学烟雾事件——氮氧化合物的毒害 ………………… (18)
日本四日市污染事件——石油工业带来的厄运 ………………… (23)
水生生物的克星——富营养化水体 ……………………………… (27)
打破生态平衡——物种入侵 ……………………………………… (32)
空间中的电和磁能量——电磁辐射 ……………………………… (36)
危害生物的人工辐射——放射性污染 …………………………… (41)
基因重组生物从实验室扩散到自然界——基因污染 …………… (47)

·黯然失色的美好生活——生活中的污染源·

要美还是要健康——染发剂的污染 ……………………………… (55)

谁来保护我们的家园

谋财害命的李鬼——假酒的危害 …… (60)
一次性用品——随手丢弃的林木资源 …… (65)
白色污染——难降解的塑料垃圾 …… (69)
生活污水——可怕的疫病扩散源 …… (75)
不可降解的重金属污染——废旧电池 …… (80)
残留杀虫剂的危害——农药污染 …… (86)
病原集中地——生活垃圾堆 …… (93)
高分贝的健康杀手——交通噪声 …… (101)
手机污染——身边的健康杀手 …… (107)
每天面对的电磁辐射——电脑污染 …… (112)
摩擦起电——静电的危害 …… (116)
令人眩晕的光——光污染 …… (122)
雾霾的主要祸首——尾气污染 …… (129)
科学需要道德制约——激素滥用 …… (135)
有益还是有害——食品添加剂 …… (141)

·人类还有未来吗——地球环境现状·

生态环境破坏者——酸雨 …… (149)
被污染穿透的保护伞——臭氧层空洞 …… (155)
全球变暖,海平面上升——温室效应 …… (161)
风挟沙尘漫天舞——沙尘暴 …… (166)
土地退化在加速——荒漠化 …… (171)
消逝的地球之肺——森林锐减 …… (180)
干涸的生命之泉——淡水危机 …… (187)
第六次物种大灭绝——生物多样性危机 …… (192)

发展的代价
——形式多样的环境污染

狭义上，生活是指人于生存期间为了维持生命和繁衍所必须从事的生计活动，它的基本内容即为食衣住行。广义上是指人的各种活动，包括日常生活行动、工作、休闲、社交等职业生活、个人生活、家庭生活和社会生活。

大自然中不同的生命体各有各的生存形态，有些我们没有意识到的，它们也照常活着。

发展的代价——形式多样的环境污染

社会进步知多少
——生活的变化

世界在变化，社会在变化，家庭在变化，生活就是因为有了变化，才会让我们充满斗志，越挫越勇，努力想要做到更好。变化让我们的生活充满奇幻和色彩，变化让我们的生活写满回忆和期待。变化，我们的生活因此而精彩。

◆美好生活

石器、青铜器时代

人类社会是整个自然界的一个特殊部分，是自然界发展到一定阶段时随着人类的出现而产生的。人是社会的人，人类的发展离不开社会的发展。

旧石器时代

人类在旧石器时代以打制石器为主，以狩猎和采集为生，过着游群生活，性关系处于杂交状态，这一时代中期人类学会使用火，典型代表如北京猿人。

◆150万年前开始出现的石器

谁来保护我们的家园

  知识库——火的使用

火使当时的人类能吃到熟的食物，致使蛋白质的摄入量更多，由于充分补充到了蛋白质而使当时的人类的大脑得到高速的发展，并在较寒冷的气候下也能存活下来（虽然也有一部分死亡）；与此同时，由于大部分的动物都是怕火的，人们利用这一特性逐步逐步把动物赶到悬崖边上，使之坠落，从而捕猎成功。当时的人类正是利用捕到的猎物使自己得到充分的营养的。

因此，火对人类的进化发展起着很大作用，可以说没有火就没有现在的文明。

◆原始人学会用火

◆黑陶

新石器时代

人类在新石器时代以磨制石器为主，开始从事原始的畜牧业和种植业，并逐渐定居下来。村落的出现使大的游群逐渐分化为较小的氏族，若干氏族又进一步联合成部落以及部落联盟，先后实行血缘群婚、氏族外婚和部落内婚。社会财富增加，阶级分化趋显。制陶术出现并被广泛使用，晚期青铜器冶铸技术出现。由部落联盟发展而来的国家（或城邦）初具雏形，典型代表为河姆渡文明

◆新石时代人面鱼纹盆

发展的代价——形式多样的环境污染

及我国的夏代早期。

青铜器时代：这一时期东西方基本都处于奴隶社会，青铜冶炼技术被人们所熟练掌握，但劳动工具仍以石器为主，青铜器主要是作为兵器及礼器。

 广角镜——司母戊鼎

司母戊鼎重875千克，通高133厘米，口长110厘米，宽78厘米，壁厚6厘米，立耳，长方形腹，四柱足空，所有花纹均以云雷纹为底。耳外廓饰一对虎纹，虎口相向，中一人头，好像被虎吞噬，耳侧缘饰鱼纹。鼎腹上下均饰以夔纹带构成的方框，两夔相对，作饕餮形，中间隔以短扉棱。鼎腹四隅皆饰扉棱，以扉棱为中心，有三组兽面纹，上端为牛首纹，下端为饕餮纹。足部饰兽面纹，下有三道弦纹。腹内壁有铭文"司母戊"三字。

司母戊鼎是我国商代青铜器的代表作，为一次铸造成功，堪称奇迹，代表着商代青铜器铸造技术的水平，被推为"世界出土青铜器之冠"。

◆司母戊

铁器时代

铁器时代：铁器几乎与青铜器同时出现，也就是说铁器时代实际上与青铜器时代在很大程度上是重叠的，我们现在说的铁器时代主要是指铁器被广泛应用于生产工具和战争武器的时代，铁器的广泛应用极大地提高了劳动生产率，推动了奴隶制度的瓦解和封建制度的产生，铁器时代的主要经济形式在中国为小农经济，在欧洲

◆铁质农具

谁来保护我们的家园

主要为封建领主庄园农奴制经济，以自给自足的农业经济为主是这一时期的主要特点，后期资本主义萌芽出现。典型代表为中世纪的欧洲和中国封建社会。

蒸汽时代

◆纺织业

蒸汽时代：英国工业革命之后至第二次工业革命之间的一段历史时期，特点是机器生产逐渐取代手工劳动，传统的手工业工场被机器大工厂所取代，先进的技术使社会生产力得到了前所未有的迅猛发展，资本主义在世界范围内的统治地位逐步确立，是自由资本主义发展的黄金时期，各老牌资本主义国家开始进行海外扩张。典型代表为18世纪的大英帝国。

电气时代

◆电网

电气时代：第二次工业革命至新科技革命之间的世界，其特点是电作为能源得到广泛利用，带来了生产力的又一次飞跃，资本主义工业化最终确立，各主要资本主义国家相继进入垄断资本主义阶段，世界殖民地格局基本形成，社会财富空前增加，但贫富差距同样空前扩大，同时德、日、俄等新兴工业国家兴起，对以英、法为代表的老牌工业国家的地位提出了挑战，殖民地人民对殖民主义的反抗也越发激烈。帝国主义列强瓜分世界的争斗导致了两次世界大战的爆发。典型代表为俾

发展的代价——形式多样的环境污染

斯麦时期的普鲁士/德意志帝国。

后工业时代

后工业时代，也即我们现在所处的这个时代，以20世纪50年代的新科技革命为先导而产生（我们至今仍然处在这个革命过程中），主要特点是电子计算机的发明和广泛应用，使信息以前所未有的速度在全球流通，科技成果更新的速度超过了以往任何时代，知识和信息成为了一种重要的战略资源，经济全球化和区域集团化进一步加强，人们已经可以探测大到银河外星系，小到基本粒子的大多数物质结构。人文主义复兴、环境恶化使人们开始重视人

◆电脑

与自然的可持续发展问题，教育的普及使人口素质普遍提高，网络的兴起更是打破了信息的垄断，加快了泛精英时代的到来。

 小贴士——环境的自净能力

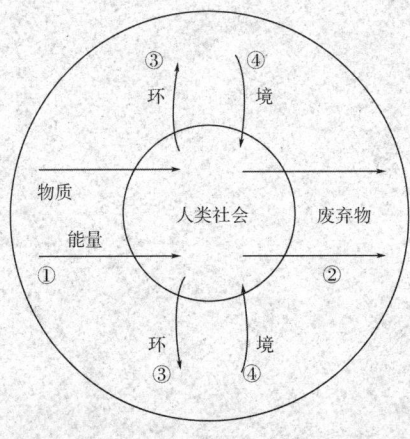

◆环境自净能力

从人类的发展中我们看到，人类不断开发利用自然资源，这给人类社会的发展确实起到了促进作用，但我们也不得不注意到人类对环境的破坏能力也越来越强大。自然环境有自净能力，这是它的一种特殊功能。当环境受到污染时，在物理、化学和生物因素的作用下，环境自身可以逐步消除污染物达到自然净化。以大气为例，靠大气的稀释、扩散、氧化等物理化学作用，能使进入大气的污染物质逐渐消失，这就是大气自净。

谁来保护我们的家园

在某一区域内，绿化植树，多种风景林，增加绿地面积，甚至建立自然保护区，不仅能美化环境、调节气候，而且能截留粉尘、吸收有害气体，从而大大提高大气自净能力，保证环境质量。

小知识

大气自净能力与当地气象条件、污染物排放总量及城市布局等诸多因素有关。例如，排入大气中的颗粒物经过雨、雪的淋洗而落到地面，从而使空气澄清的过程就是一种大气自净过程。

拓展思考

1. 人类社会经历了哪几个时代？
2. 人类是什么时候开始学会用火的？
3. 人类什么时候掌握了制陶技术？
4. 司母戊大方鼎是哪个时期的？在当时是用来做什么的？

发展的代价——形式多样的环境污染

"三废"的危害
——工业污染

当你看到城市里川流不息的车辆时；当你看到工厂排放的白烟升天时；当你看到生活垃圾随意乱放时……你是否会想到这些会污染与我们息息相关的自然环境。

工业污染主要指工业生产中排出的废水、废渣、废气（俗称"三废"）以及发出的噪声等。

◆工业污染

工业污水

◆工业污水

工业污水包括生产废水和生产污水，是指工业生产过程中产生的废水和废液，其中含有随水流失的工业生产用料、中间产物、副产品以及生产过程中产生的污染物和排出的水。

按工业废水中所含主要污染物的化学性质分为：以含无机污染物为主的无机废水、以含有机污染物为主的

谁来保护我们的家园

有机废水、兼含有机物和无机物的混合废水、重金属废水、含放射性物质的废水和仅受热污染的冷却水。其中电镀废水和矿物加工过程的废水主要是无机废水，食品或石油加工过程的废水属有机废水。

小资料——工业废水的污染

工业废水造成的污染主要有：有机需氧物质污染、化学毒物污染、无机固体悬浮物污染、重金属污染、酸污染、碱污染、植物营养物质污染、热污染、病原体污染等。许多污染物有颜色、臭味或易生泡沫，因此工业废水常呈现使人厌恶的外观。

工业废渣

工业废渣是在工业生产和工业加工过程中以及燃料燃烧、矿物开采、交通运输、环境治理过程中所丢弃的固体和半固体物质的总称。

工业废渣主要来源于各工业部门生产时所产生的固体废物，主要包括煤炭工业产生的煤矸石；燃煤电厂和城市集中供热系统煤粉燃烧锅炉产生的粉煤灰、炉渣；黑色冶金工业产生的高炉渣、钢渣；有色金属冶炼渣和

◆废渣

发展的代价——形式多样的环境污染

赤泥等；化学工业及其他工业生产过程中产生的化学石膏、硫铁矿渣、电石渣、碱渣、烧碱盐泥等；燃煤锅炉产生的炉渣；开采金属矿石产生的废石和尾矿等。

工业废气

废气是指人类在生产和生活过程中排出的有毒有害气体。特别是化工厂、钢铁厂、制药厂，以及炼焦厂和炼油厂等，排放的废气气味大，严重污染环境和影响人体健康。废气中含有的污染物种类很多，其物理和化学性质非常复杂，毒性也不尽相同。

工业废气包括有机废气和无机废气。有机废气主要包括各种烃类、醇类、醛类、酸类、酮类和胺类等；无机废气主要包括硫氧化物、氮氧化物、碳氧化物、卤素及其化合物等。

◆另类的"核爆炸"

 小知识——工业废气的危害

工业废气是大气污染物的重要来源。大量工业废气排入大气，必然使大气环境质量下降，给人体健康带来严重危害，给国民经济造成巨大损失。工业废气中的有毒有害物通过呼吸道和皮肤进入人体后，能给人的呼吸、血液、肝脏等系统和器官造成暂时性和永久性病变，尤其是苯并芘类多环芳烃能直接致癌。

◆工业废气

谁来保护我们的家园

 你知道吗——

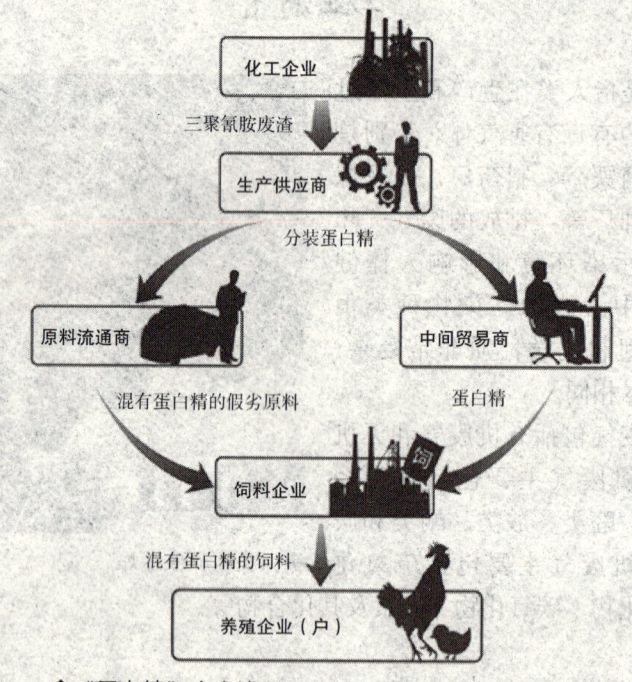

◆ "蛋白精"生产流程

 拓展思考

1. 工业污染主要是指什么?
2. 工业废水的危害主要有哪些?
3. 工业污染的危害有哪些?
4. 你还知道其他种类的污染吗?

发展的代价——形式多样的环境污染

伦敦烟雾事件
——无色杀手二氧化硫

第一次工业革命发源于英国，它为英国提供了历史机遇，英国利用工业化的先发优势，确立了"世界工厂"的地位。在不到100年的时间里创造的生产力远远超过了以前几个世纪的总和，形成显赫的"大不列颠"帝国。

工业革命给人类带来了进步和幸福，同时也使人类面临新的矛盾和挑战。

◆英国伦敦国会大厦与大笨钟夜景

英国简介

◆英国地图

英国全称大不列颠及北爱尔兰联合王国，由英格兰、苏格兰、威尔士和北爱尔兰组成的，一统于一个中央政府和国家元首。英国位于欧洲大陆西北面，英国本土位于大不列颠群岛，被北海、英吉利海峡、凯尔特海、爱尔兰海和大西洋包围。国土面积24.36万平方千米，人口约6000万。英国是世界上第一个工业化国家，是一个具有多元文化和开放思想的社会。首都伦敦是欧洲最大和最具国际特色的城市。

"领先一步学科学"系列

谁来保护我们的家园

　　官方语言为英语（非法定）。此外，还有威尔士语、爱尔兰语、阿尔斯特苏格兰语、苏格兰盖尔语、康沃尔语为英国各地区的官方语言。

　　著名的学府有牛津大学、剑桥大学、帝国理工学院、伦敦政治经济学院、爱丁堡大学、曼彻斯特大学、纽卡斯尔大学等。

小贴士——伦敦塔桥

◆伦敦塔桥开启

◆伦敦塔桥通行

　　伦敦塔桥是从泰晤士河口算起的第一座桥（泰晤士河上共建桥15座），也是伦敦的象征，有"伦敦正门"之称。该桥始建于1886年，1894年6月30日对公众开放，将伦敦南北区连接成整体。

　　伦敦塔桥是一座吊桥，最初为一木桥，后改为石桥，现在是座拥有6条车道的水泥结构桥。河中的两座桥基高7.6米，相距76米，桥基上建有两座高耸的方形主塔，为花岗岩和钢铁结构的方形五层塔，高40多米，两座主塔上建有白色大理石屋顶和五个小尖塔，远看仿佛两顶王冠。两塔之间的跨度为60多米，塔基和两岸用钢缆吊桥相连。桥身分为上、下两层，上层（桥面高于高潮水位约42米）为宽阔的悬空人行道；下层可供车辆通行。当泰晤士河上有万吨轮通过时，主塔内机器启动，桥身慢慢分开，向上折起，船只过后，桥身慢慢落下，恢复车辆通行。假若遇上薄雾锁桥，景观更为一绝，雾锁塔桥是伦敦胜景之一。

发展的代价——形式多样的环境污染

雾都——伦敦

◆雾都——伦敦

英国的雾气较重,在夏季晴好的空中,还有薄薄的烟霭;冬季则经常飞雾迷漫,似雨非雨,若烟非烟,这主要是岛国的潮气所致。伦敦被冠以"雾都"的"美誉",其实在"美誉"之下,伦敦人有一种难以启齿的苦衷,因为"雾"在很大程度上是由工业污染造成的。在20世纪50年代,伦敦以煤为燃料的工厂很多,居民生活取暖也主要以煤为主。当时,伦敦市区烟囱林立,昼夜不停地向空中排放着大量烟雾。在无风的季节,烟尘与雾混合变成黄黑色,经常在城市上空笼罩多天不散。严重的煤烟污染,不仅威胁到公众的生命安全,而且给英国的一些珍贵文化遗产留下了难以清除的污迹。据称,这些烧煤时代留下的黑色痕迹,现在仍无法清除,成为伦敦永久的遗憾。

 链接——爱丁堡

但凡到过爱丁堡的人都知道,这座被联合国列为世界文化遗产的历史名城,建筑宏伟,风格多样,堪称英国建筑史上的瑰宝。然而,徜徉在爱丁堡的大街小巷就会发现,这里几乎所有的古老建筑,都蒙着一层黑黑的污迹,整个城市显得暗淡无光。

伦敦烟雾事件

1952年12月5日,一团浓重的黄色烟雾笼罩了英国首都伦敦,能见

谁来保护我们的家园

◆ 美丽的伦敦

◆ 伦敦烟雾事件

度突然间变得极差,人们走在大街上,无法看清自己的双脚,公共汽车靠打着的手电筒带路缓缓前行;整座城市弥漫着浓烈的"臭鸡蛋"气味,居民普遍感到呼吸困难。从12月5日到12月9日这短短的几天里,就有4000多人被黄色烟雾夺去生命。这便是震惊世界的"伦敦烟雾事件"。

当时在伦敦正举办一场牛展览会,参展的牛首先对烟雾产生了反应,350头牛有52头严重中毒,14头奄奄一息,1头当场死亡。不久伦敦市民也对毒雾产生了反应,许多人感到呼吸困难、眼睛刺痛,发生哮喘、咳嗽等呼吸道症状的病人明显增多,进而死亡率陡增。根据事后统计,在发生烟雾事件的一周中,48岁以上人群死亡率为平时的3倍;1岁以下人群的死亡率为平时的2倍,在这一周内,伦敦市因支气管炎死亡704人,冠心病死亡281人,心脏衰竭死亡244人,结核病死亡77人,分别为前一周的9.5、2.4、2.8和5.5倍,此外肺炎、肺癌、流行性感冒等呼吸系统疾病的发病率也有显著增加。

 伦敦烟雾事件发生的原因

伦敦烟雾事件的直接原因是燃煤产生的二氧化硫和粉尘污染,间接原因是开始于1952年12月4日的逆温层所造成的大气污染物蓄积。燃煤产生的粉尘表面

发展的代价——形式多样的环境污染

会大量吸附水，成为烟雾的凝聚核，这样便形成了浓雾。另外燃煤粉尘中含有三氧化二铁成分，可以催化另一种来自燃煤的污染物二氧化硫氧化生成三氧化硫，进而与吸附在粉尘表面的水化合生成硫酸雾滴。

 拓展思考

1. 英国由哪些地区组成？有几种地区官方语言？
2. 伦敦被称为雾都是因为伦敦烟雾事件吗？
3. 伦敦烟雾事件的危害有哪些？
4. 你能总结一下伦敦烟雾事件的成因吗？

 谁来保护我们的家园

洛杉矶光化学烟雾事件
——氮氧化合物的毒害

◆洛杉矶夜景

洛杉矶位于美国西海岸加州南部，西面临海，三面环山，是个阳光明媚、气候温暖、风景宜人的地方。闻名世界的好莱坞就位于该市。早期金矿、石油和运河的开发，加之得天独厚的地理位置，使它很快成为了一个商业、旅游业都很发达的港口城市。

然而好景不长，从20世纪40年代初开始，人们就发现这座城市一改以往的温柔，变得"疯狂"起来。这到底是什么原因呢？

光化学烟雾的成因

光化学烟雾是由于汽车尾气和工业废气排放造成的，一般发生在湿度低、气温在24℃～32℃度的夏季晴天的中午或午后。汽车尾气中的烯烃和二氧化氮被排放到大气中后，在阳光强烈的紫外线照射下，这些物质的分子会吸收了太阳光的

◆汽车尾气

发展的代价——形式多样的环境污染

能量，变得不稳定起来，原有的化学键遭到破坏，形成新的物质。这种化学反应被称为光化学反应，其产物为剧毒的光化学烟雾。

 讲解——光化学烟雾产生的化学分析

$NO_2 \rightarrow NO + O$（条件是光照）
$O + O_2 \rightarrow O_3$
$2NO + O_2 \rightarrow 2NO_2$
上述反应是链反应，反应一旦发生就不易停止。
碳氢化合物被氧（O）和臭氧（O_3）氧化，产生醛、酮、醇、酸等物质，通称为光化学氧化剂。

洛杉矶光化学烟雾事件

自1936年在洛杉矶开发石油以来，随着飞机制造和军事工业的迅速发展，洛杉矶成为美国的第二大城市，工商业的发达程度仅次于纽约和芝加哥。随着工业发展和人口剧增，洛杉矶在20世纪40年代初就有汽车250万辆，每天大约消耗1100吨汽油，排出1000多吨碳氢化合物，300多吨氮氧化合物，700多吨一氧化碳。到70年代，汽车增加到400多万辆。由于汽车漏油、汽油挥发、不完全燃烧和汽车排气，每天向城市上空排放大量石油烃废气、一氧化碳、氮氧化物和铅烟（当时汽车所用为含四乙基铅的汽油）。

▶ 美丽的洛杉矶

这些排放物，在阳光的作用下，特别是在5月份至10月份的夏季和早秋季节强光照射下，发生光化学反应，生成淡蓝色的光化学烟雾。这种烟雾中含有臭氧、氮氧化物、乙醛和其他氧化剂，滞留市区久久不散。

19

谁来保护我们的家园

知识库——洛杉矶简介

洛杉矶地处太平洋沿岸的一个口袋形地带之中，只有西面临海，其他三面环山，形成一个直径约50千米的盆地，空气沿水平方向流动缓慢。虽然从海上吹来强劲的西北风，但此风并不穿过海岸线。在近乎是东西走向的海岸线上吹的是西风或西南风，而且风力弱小。这些风将城市上空的空气推向山岳封锁线。

想一想——形成洛杉矶烟雾的其他原因

沿着加利福尼亚州海岸向南方和东方流动的是一股大洋流，名叫加利福尼亚寒流。在春季和初夏，这里海水寒冷，来自太平洋上空的比较温暖的空气，越过海岸向洛杉矶地区移动，经过这一寒冷水面上空后变冷。这就出现了接近地面的空气变冷，同时高空的空气由于下沉运动而变暖的态势，于是便形成了洛杉矶上空强大并持久的逆温层。每年约有300天从西海岸到夏威夷群岛的北太平洋上空出现逆温层，它们犹如帽子一样封盖了地面的空气，并使大气污染物不能上升到越过山脉的高度。

◆加利福尼亚大学

发展的代价——形式多样的环境污染

光化学烟雾的危害

光化学烟雾的成分非常复杂，但是对人类、动植物和材料有害的主要是臭氧、过氧乙酰硝酸酯（PAN）、丙烯醛、甲醛等二次污染物。

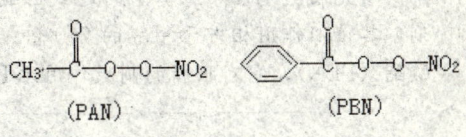
◆PAN、PBN 的结构式

臭氧是一种强氧化剂，并可到达呼吸系统的深层，刺激气道黏膜，引起化学变化，其作用相当于放射线，使染色体异常，使红血球老化。PAN、甲醛、丙烯醛等产物对人和动物的眼睛、咽喉、鼻子等部位有刺激作用。此外光化学烟雾能促使哮喘病患者

◆光化学烟雾形成图

哮喘发作，能引起慢性呼吸系统疾病恶化、呼吸障碍、损害肺部功能等症状，长期吸入氧化剂能降低人体细胞的新陈代谢，加速人的衰老。PAN还是可能造成皮肤癌的一种试剂。

此外，臭氧也会影响植物细胞的渗透性，可导致高产作物的高产性能消失，甚至使植物丧失遗传能力。植物受到臭氧的损害，开始时表皮褪色，呈蜡质状，经过一段时间后色素发生变化，叶片上出现红褐色斑点。PAN使叶子背面呈银灰色或古铜色，影响植物的生长，降低植物对病虫害的抵抗力。光化学烟雾会促成酸雨形成，造成橡胶制品老化、脆裂，使染料褪色，建筑物和机器受腐蚀，并损害油漆涂料、纺织纤维和塑料制品等。

 谁来保护我们的家园

 小知识

　　研究表明光化学烟雾中的过氧乙酰硝酸酯（PAN）是一种极强的催泪剂，其催泪作用相当于甲醛的 200 倍。另一种眼睛强刺激剂是过氧苯酰硝酸酯（PBN），它对眼睛的刺激作用比 PAN 还要强大约 100 倍。

 拓展思考

1. 光化学烟雾形成的原因有哪些？
2. 光化学烟雾的危害有哪些？
3. 光化学烟雾形成的化学过程是什么？
4. 你能说说如何防止光化学烟雾吗？

发展的代价——形式多样的环境污染

日本四日市污染事件
——石油工业带来的厄运

日本东海岸伊势湾的一角有个叫四日市的城市，约有人口31万人，主要是纺织工人。由于四日市近海临河，交通方便，又是京滨工业区的大门，日本垄断资本看中了四日市是发展石油工业的好地方。

谁又能想到在人们对带来滚滚财源的大型企业惊叹的同时，噩运却也悄然降临……

◆日本富士山

日本简介

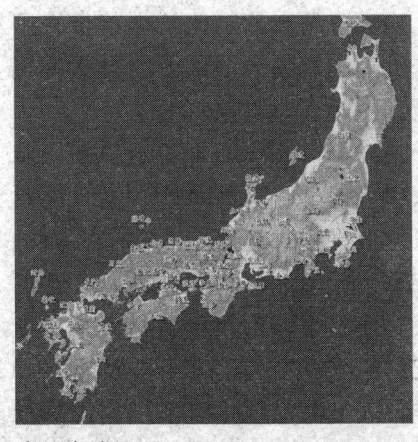

◆日本地图

日本位于欧亚大陆以东、太平洋西部，由数千个岛屿组成，众群岛呈弧形。日本东部和南部为一望无际的太平洋，西临日本海、东海，北接鄂霍次克海，隔海分别和朝鲜、韩国、中国、俄罗斯、菲律宾等国相望。

日本原来并不叫日本。在古代日本神话中，日本人称其为"八大洲"、"八大岛国"等。据《汉书》、《后汉书》记载，我国古代称日本为"倭"或"倭国"。公元5世纪，日本统一

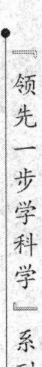

23

谁来保护我们的家园

◆美丽的日本

后，国名定为大和。因为古代日本人崇尚太阳神，所以将太阳视为本国的图腾。相传在7世纪初，日本的圣德太子在致隋炀帝的国书中写道："日出处太子致日落处太子"，这就是日本国名的雏形。直到7世纪后半叶，日本遣唐史将其国名改为日本，意为"太阳升起的地方"，其后沿用至今，成为日本的正式国名。

此外，在汉语中，"扶桑"、"东瀛"也是日本的别称。

追忆历史

倭国的由来

"倭"在日文中同"大和"一样都代表日本民族的意思，"倭"字并没有贬义，此名起源于三国时期魏国皇帝曾御封当时日本的君主为亲魏倭王，于是亲魏倭王的所在国家也叫做"倭国"，倭国之名由此得来并延用了很长一段时间。

四日市的大气污染

◆抽取石油

四日市的石油工业给本市带来了快速的经济发展，但该市的自然环境也遭到了严重的破坏。

1956年，由于石油工业含酚废水排入伊势湾，使附近水产发臭不能食用。但最严重的还是大气污染。石油冶炼和工业燃油（高硫重油）产生的废气，使整个城市终年黄烟弥漫。全市工厂粉尘、二氧化硫年排放量达13万吨。大气中二氧化硫浓度超出标准5~6倍。在四日市上空500米高度的

发展的代价——形式多样的环境污染

烟雾中飘着多种有毒气体和含铝、锰、钴等重金属的粉尘。重金属微粒与二氧化硫形成烟雾，吸入肺中能导致癌症并逐步削弱肺部排毒的能力，形成支气管炎、支气管哮喘以及肺气肿等许多呼吸道疾病。随着污染的日趋严重，支气管哮喘患者显著增加，据四日市医师会调查资料证明，患支气管哮喘的人数在被严重污染的盐滨地区比非污染的对照区约高2～3倍。

◆四日市

又因四日市的呼吸系统病症患者大多是一离开大气污染环境，病症就会得到缓解，所以人们把这种病统称为"四日市哮喘病"。

小知识

1955年，日本垄断企业利用盐滨地区的旧海军燃料厂旧址在四日市建成第一座炼油厂，从而奠定了这一地区的石油化学工业基础。1958年以后，这个所谓的"石油联合企业之城"成了占日本石油工业四分之一的重要临海工业区。

小资料——四日市事件

1961年，四日市哮喘病大发作。1964年连续3天浓雾不散，严重的哮喘病患者开始死亡。1967年，一些哮喘病患者不堪忍受痛苦而自杀。到1970年，四日市哮喘病患者达到500多人，其中有10多人在哮喘病的折磨中死去，实际患者超过2000人。1972年全市共确认哮喘病患者达817人。

后来，由于日本各大城市普遍烧用高硫重油，致使四日市哮喘病蔓延全国。如千叶、川崎、横滨、名古屋、水岛、岩国、大分等几十个城市都有哮喘病在蔓延。据日本环境厅统计，到1972年为止，日本全国患四日市哮喘病的患者多达6376人。

 谁来保护我们的家园

◆1961年四日市的石油工业

◆冶炼石油厂排出的废气

 **拓展思考**

1. 日本最出名的旅游地有哪些？
2. 为什么垄断企业家选中在四日市建立炼油厂？
3. 四日市大气污染的危害主要有哪些？
4. 现在还存在"四日市大气污染"吗？还有没有类似事件发生过？如果有，请举例说明。

发展的代价——形式多样的环境污染

水生生物的克星
——富营养化水体

我们的日常生活都离不开食物，食物为我们的正常生长、发育与繁衍提供营养。我们所需的营养物质中主要的元素是氢、氧、氮和碳，它们组成生物体中的蛋白质并储存能量。此外，还有少量的硫、磷、钙、镁、钾、钠、氯和多种微量元素也是人体所需的。但随着社会的发展，人们的物质生活越来越丰富，自然环境也跟着"沾了点光"，营养开始过剩。

什么是水体富营养化？

富营养化是一种氮、磷等植物营养物质含量过多所引起的水质污染现象。在自然条件下，随着河流夹带冲击物和水生生物残骸在湖底的不断沉降淤积，湖泊会从贫营养湖过渡为富营养湖，进而演变为沼泽和陆地，这是一种极为缓慢的过程。但由于人类的活动，将大量工业废水和生活污水以及农田径流中的植物营养物质排入湖泊、水库、河口、海湾等缓流水体后，水生生物特别是藻类将大量繁殖，使生物的种群种类数量发生改

◆赤潮

"领先一步学科学"系列

27

谁来保护我们的家园

◆水体富营养化

变,破坏了水体的生态平衡。大量死亡的水生生物沉积到湖底,被微生物分解,消耗大量的溶解氧,使水体中溶解氧含量急剧降低,水质恶化,以致影响到鱼类的生存,大大加速了水体的富营养化过程。

水体出现富营养化现象时,由于浮游生物大量繁殖,往往使水体呈现蓝色、红色、棕色、乳白色等,这种现象在江河湖泊中叫水华(水花),在海中叫赤潮。在发生赤潮的水域里,一些浮游生物暴发性繁殖,使水变成红色,因此叫"赤潮"。这些藻类有恶臭、有毒,鱼不能食用。藻类遮蔽阳光,使水底植物因光合作用受到阻碍而死去,腐败后放出氮、磷等植物的营养物质,再供藻类利用。这样年深月久,造成恶性循环,藻类大量繁殖,水质恶化而有腥臭,水中缺氧,鱼类窒息死亡。

知识窗

反映营养盐水平的总氮、总磷,反映生物类别及数量的叶绿素a和反映水中悬浮物及胶体物质多少的透明度,是作为控制湖泊富营养化的一组指标。有文献报道,当总磷浓度超过0.1毫克/升(如果磷是限制因素)或总氮浓度超过0.3毫克/升(如果氮是限制因素)时,藻类会过量繁殖。

营养物质的来源

水体中过量的氮、磷等营养物质主要来自未加处理或处理不完全的工业废水和生活污水、有机垃圾和家畜家禽粪便以及农施化肥,其中最大的来源是农田上施用的大量化肥。

发展的代价——形式多样的环境污染

氮源

农田径流挟带的大量氨氮和硝酸盐氮进入水体后，改变了其中原有的氮平衡，促进某些适应新条件的藻类种属迅速增殖，覆盖了大面积的水面。例如我国南方地区一些湖叉河道中从农田流入的大量的氮促进了水花生、水葫芦、水浮莲、鸭草等浮水植物的大量繁殖，致使堵塞航道影响航运。在这些水生植物死亡后，细菌将其分解，从而增加了其所在水体中有机物的含量，导致其进一步耗氧，使大批鱼类因缺氧而死亡。最近，美国的有关研究部门发现，含有尿素氮、氨氮为主要氮形态的生活污水和人畜粪便，排入水体后会使正常的氮循环变成"短路循环"，即尿素氮和氨氮的大量排入，破坏了正常的氮、磷比例，并且导致在这一水域生存的浮游植物群落完全改变：原来正常的浮游植物群落是由硅藻、鞭毛虫和腰鞭虫组成的，而这些种群几乎完全被蓝藻、红藻和小的鞭毛虫类所取代。

◆ 美丽的水浮莲

◆ 水浮莲堵塞河道

磷源

水体中的过量磷主要来源于肥料、农业废弃物和城市污水。据有关资料说明，在过去的15年内地表水的磷酸盐含量增加了25倍，在美国，进入水体的磷酸盐有60%是来自城市污水。在城市污水中磷酸盐的主要来源是洗涤剂，它除了引起水体富营养化以外，还使许多水体产生大量泡沫。水体中过量的磷一方面来自外来的工业废水和生活污水，另一方面还有其内源作用，即水体中的底泥在还原状态下会释放磷酸盐，从而增加磷的含量，特别是在一些因硝酸盐引起的富营养化的湖泊中，由于城市污水的排入使之更加复杂化，会使该系统迅速恶化，即使停止加入磷酸盐，问题也不会解决。这是因为多年来底部沉积了大量的富含磷酸盐的沉淀物，在其表面不溶性的铁盐保护层作用下通常是不会参与混合的。但是，当底层水含氧量低且处于还原状态时（通常在夏季气温高出现），保护层消失，从而使磷酸盐进入水中所致。

◆水体产生的泡沫

水体富营养化的危害

◆鱼类死亡

富营养化造成水的透明度降低，阳光难以穿透水层，从而影响水中植物的光合作用和氧气的释放，同时浮游生物的大量繁殖，消耗了水中大量的氧，使水中溶解氧严重不足，而水面植物的光合作用，则可能造成局部溶解氧的过饱和。溶解氧过饱和以及水中溶解氧少，都对水生动物（主要是鱼类）有害，造成鱼类大量死亡。

富营养化水体底层堆积的有机物质在厌氧条件下分解产生的有害气体，以及一些浮游生物产生的生物毒素（如石房蛤毒素）也会伤害水生动物。

富营养化水中含有亚硝酸盐和硝酸盐，人畜长期饮用这些物质含量超过一定标准的水，会中毒致病等等。

发展的代价——形式多样的环境污染

 链接——石房蛤毒素

　　石房蛤毒素亦称贝类毒素，因中毒后产生麻痹性中毒效应，又称麻痹性贝毒。它是海洋生物中毒性最强烈的麻痹性毒素之一，作为潜在的化学生物战剂，长期以来为国外军事研究单位所高度重视，是主要的研究对象之一。

　　石房蛤毒素是毒性很高而分子量很小的麻痹性神经毒素。中毒症状是出现唇、舌、指尖、面部麻木感，间或有刺痛。进而颈部和四肢末端麻痹，直至随意肌共济失调，步态不稳。全身肌肉松弛麻痹，呼吸困难。依中毒剂量不同，一般在中毒后2～12小时内因呼吸肌麻痹呼吸中枢衰竭而死亡，死亡时多数患者意识清楚。

 **拓展思考**

1. 什么是水体富营养化？其成因是什么？
2. 水体富营养化的危害有哪些？
3. 水体富营养化对人类有危害吗？如果有，是什么样的危害？
4. 你能说说如何防止水体富营养化吗？

谁来保护我们的家园

打破生态平衡——物种入侵

生态系统是经过长期进化形成的，系统中的物种经过上百年、上千年的竞争、排斥、适应和互利互助，才形成了现在相互依赖又相互制约的密切关系。每个生态系统都有自己独特的生物链，每个物种都有自己的天敌，这样每一个物种都不至于因为繁殖过剩而造成环境破坏。各种生物都处于和谐状态。

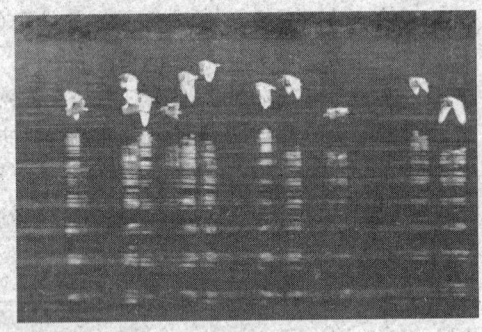
◆生态系统

但生态和谐也并非是永恒的……

什么是物种入侵？

◆自然群落

外来入侵物种，是指那些出现在其过去或现在的自然分布范围及扩散潜力以外（即在其自然分布范围以外或在没有直接或间接引入或人类照顾之下而不能存在）的物种、亚种或以下的分类单元，包括其所有可能存活、继而繁殖的部分、配子或繁殖体。外来入侵物种是该生态系统中原来并没有这个物种的存在，它是

发展的代价——形式多样的环境污染

借助人类活动越过不能自然逾越的空间障碍而进来的。在通常情况下，山脉、河流、海洋等的阻隔以及气候、土壤、温度、湿度等自然地理因素的差异构成了物种迁移的障碍，依靠物种的自然扩散能力进入一个新的生态系统是相当困难的。虽然也有由于气候和地质构造变化，使动物、植物或病原体进入新的系统的情况，但更多的却是由于人类活动而有意或无意地导致了越来越多的物种迁移。

当外来物种在自然或半自然生态系统或环境中建立了种群，改变或威胁到本地生物多样性的时候，就成为外来入侵物种。

外来物种

一个外来的物种被引入到一个新的平衡的生态系统中后，可能因无法适应新环境而被排斥在系统之外，必须依靠人类的帮助才能生存；也可能其恰好适合当地的气候和土壤条件，并且新的环境中没有与之抗衡或制约的生物，此时，这个外来物种就是真正的入侵者，打破生态平衡，改变或破坏当地的生态环境，成为外来入侵种。

物种入侵的危害

◆自然生态

入侵物种引起的问题有：直接减少原有物种数量，间接减少依赖于当地物种生存的物种的数量，改变当地生态系统和景观，对火灾和虫害的控制和抵抗能力降低，土壤保持和营养改善能力降低，水分保持和水质提高能力降低，生物多样性保护能力降低。

"领先一步学科学"系列

33

谁来保护我们的家园

斑贝

斑贝是一种类似河蚌的软体动物即斑马纹贻贝，源于苏联。大小约2.54厘米，成体以足丝附着在任何硬质的底质或物体上，尤其是硬质的结构物和管线中，往往堵塞抽、排水管路，造成极大的损失。

1988年，几只原本生活在欧洲大陆的斑贝被一艘货船带到北美大陆。当时，这些混杂在舱底货物中的"偷渡者"并没有引起当地人的注意，它们被随便丢弃在五大湖附近的水域中。然而令人始料不及的是，这里竟成了斑贝的"天堂"。由于没有天敌的制约，斑贝的数量便急剧增加，五大湖内的疏水管道几乎全被它们"占领"

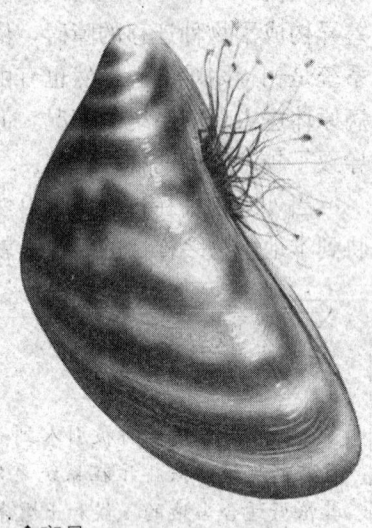

◆斑贝

了。到目前为止，人们为了清理和更换管道已耗资数十亿美元。

空心莲子草

空心莲子草，别名水花生、喜旱莲子草、空心苋，多年生宿根草本，茎基部匍匐、上部伸展，中空，有分枝，节腋处疏生细柔毛。叶对生，长圆状倒卵形或倒卵状披针形，前端圆钝，有芒尖，基部渐狭，表面有贴生毛，边缘有睫毛。头状花序单生于叶腋，总花梗长1～6厘米；苞片和小苞

◆水花生

片干膜质，花被5片，白色，不等大；雄蕊5枚，基部合生成杯状，退化雄蕊顶端分裂成3～4窄条；子房倒卵形，柱头状。花期5～11月。

20世纪30年代，侵华日军将水花生（空心莲子草）作为军马饲料大量引入上海，直到现在还在上海郊区、江苏、湖北等地水域肆虐生长，在

发展的代价——形式多样的环境污染

湖北洪湖大概就有上万亩水域被其覆盖，严重影响水质和本埠植物生长。

水花生的危害有：堵塞航道、影响水上交通；排挤其他植物，使群落物种单一化；覆盖水面，影响鱼类生长和捕捞；危害农田作物，使产量受损；田间沟渠内大量繁殖，影响农田排灌；入侵湿地、草坪，破坏景观；滋生蚊蝇，危害人类健康。

◆泛滥的水花生

拓展思考

1. 什么是外来物种？
2. 外来物种会影响当地环境吗？如果有影响，会造成什么样的影响？
3. 水花生是我国的物种吗？
4. 你是否看到过外来物种入侵的情况？请举例说明。

空间中的电和磁能量——电磁辐射

◆电网

高压电线杆儿架起来了，人们的生活富起来了，家用电器开起来了，隆隆的工厂转起来了，我们的生活现在真的很方便。

但当你看到大街小巷上空密密麻麻的电网时，你是在惊叹今天社会的飞速发展，还是在担忧它的危害？

什么是电磁辐射？

◆通信卫星

电磁辐射是一种复合的电磁波，以相互垂直的电场和磁场随时间的变化而传递能量。人体生命活动包含一系列的生物电活动，这些生物电对环境中的电磁波非常敏感，因此，电磁辐射可以对人体造成影响和损害。

电磁辐射是由空间共同移送的电能量和磁能量所组成，而该能量是由电荷移动所产生的。举例来说，正在发射信号的射频天线所发出的移动电荷，便会产生电磁能量。电磁"频谱"包括形形色色的电磁辐射，从极低频的电磁辐射至极高频的电磁辐射。两者之间还有无线电波、微波、红外线、可见光和紫外光等。频率极高的X光和伽玛射线具有较大的能量，能够破坏合成人体组织的分子。事实上，X光和伽玛射线的能量之巨，足以令原子和分子电离，故被列为"电离"辐射。这两种射线虽具医学用途，但照射过量将会损害健康。X光和伽玛射线所携带的电磁能量，有别于射频发射装置所产生的电磁能量。射频装置的电磁能量属于频谱中频率较低的那一端，不能破解把分子紧扣在一起的化学

◆闪电

键，故被列为"非电离"辐射。哪里会有电磁辐射？它的来源有多种。人体内外均布满由天然和人造辐射源所发出的电能量和磁能量，闪电便是天然辐射源的例子之一。至于人造辐射源，则包括微波炉、收音机、电视广播发射机和卫星通信装置等。

 小 知 识

射频电磁

电磁频谱中射频部分的一般定义，是指频率约为3千赫至300吉赫的电磁辐射所衍生的能量，取决于频率的高低（频率愈高，能量愈大）。

电磁辐射的危害

高尔生教授在他的《空调使用对精液质量的影响》中指出，电磁辐射对人体的危害，表现为热效应和非热效应两大方面。

热效应：人体70%以上是水，水分子受到电磁波辐射后相互摩擦，引起肌体升温，从而影响到体内器官的正常工作。热效应可造成人体组织或器官不可恢复的伤害，如：白内障、头晕、失眠、健忘等亚健康表现。

非热效应：人体的器官和组织都存在微弱的电磁场，它们是稳定和有序的，一旦受到外界电磁场的干扰，处于平衡状态的微弱电磁场将遭到破坏，人体也会受到损伤。非热效应体现在以下几个方面：

◆电磁波辐射

一是神经系统。人体反复受到电磁辐射后,中枢神经系统及其他方面的功能发生变化。如条件反射性活动受到抑制,可出现心动过缓等。

二是感觉系统。低强度的电磁辐射,可使人的嗅觉机能下降,当头部受到低频小功率的声频脉冲照射时,就会使人听到好像机器响,昆虫或鸟鸣的声音。

三是免疫系统。我国有初步研究观察到,长期接触低强度微波的人和同龄正常人相比,其体液与细胞免疫指标中的免疫球蛋白IgG降低,T细胞花环与淋巴细胞转换率的乘积减小,使人体的体液与细胞免疫能力下降。

电磁波还可对内分泌系统和遗传信息造成影响:

◆免疫大战

内分泌系统:低强度微波辐射可使人的丘脑—垂体—肾上腺功能紊乱;ACTH活性增加,内分泌功能受到显著影响。

遗传效应:微波能损伤染色体。动物试验已经发现,用195兆赫、2.45吉赫和96赫的微波照射老鼠,会有4‰~12‰的精原细胞形成染色体缺陷,幼鼠能继承这种缺陷,染色体缺陷可引起受伤者智力迟钝、平均寿命缩短。

发展的代价——形式多样的环境污染

小博士

ACTH 即促肾上腺皮质激素（adreno cortico tropic hormone）是维持肾上腺正常形态和功能的重要激素。它的合成和分泌是垂体前叶在下丘脑促皮质素释放激素的作用下，在腺垂体嗜碱细胞内进行的。

点击——新闻报道

近年来，国内外媒体关于电磁辐射是有害的报道一直未断：意大利每年有 400 多名儿童患白血病，专家认为病因是受到严重的电磁污染；美国的一癌症医疗基金会对一些遭电磁辐射损伤的病人进行抽样化验，结果表明在高压线附近工作的人，其癌细胞生长速度比一般人快 24 倍；我国每年出生的 2000 万儿童中，有 35 万为缺陷儿，其中 25 万为智力残缺，有专家认为，电磁辐射是重要的影响因素之一。

◆显微镜下的癌细胞

友情提醒——电磁辐射对人体有五大影响

1. 电磁辐射是心血管疾病、糖尿病、癌突变的主要诱因。
2. 电磁辐射对人体生殖系统、神经系统和免疫系统造成直接伤害。
3. 电磁辐射是造成孕妇流产、不育、畸胎等病变的诱发因素。
4. 过量的电磁辐射直接影响儿童组织发育、骨骼发育、视力下降；肝脏造血功能下降，严重者可导致视网膜脱落。
5. 电磁辐射可使男性性功能下降，女性内分泌紊乱，月经失调。

 谁来保护我们的家园

 拓展思考

1. 你能总结一下什么是电磁波辐射吗?
2. 电磁波辐射有哪些危害?
3. 你能举出发射电磁波的装置吗?你身边有没有?
4. 你能说说如何预防电磁波辐射吗?

发展的代价——形式多样的环境污染

危害生物的人工辐射——放射性污染

放射性物质的发现可以说是科学史上的一个里程碑,物质的放射性被运用到各个领域。在史学界,物质的放射性被用来鉴定文物的产生年代;在医学界,物质的放射性被用于临床治疗,为我们解除好多疑难杂症,放射性医疗仪器现在已成为医生不可或缺的帮手。

物质的放射性被运用得如此广泛,它的安全性如何呢?我们来了解一下……

◆放射性标志

什么是放射性?

放射性是指元素从不稳定的原子核内自发地放出射线(如α射线、β射线、γ射线等),而衰变形成稳定的元素停止放射(生成衰变产物),这种现象称为放射性。原子序数为84(钋)或以上的元素都具有放射性,但原子序数在83及以下的元素某些同位素也具有放射性。

在目前已发现的100多种元素中,约有2600多种核素。其中稳定

◆铀矿石

性核素仅有280多种,属于81种元素。放射性核素有2300多种,又可分为天然放射性核素和人工放射性核素两大类。放射性衰变最早是从天然的

"领先一步学科学"系列

 谁来保护我们的家园

重元素铀的放射性而发现的。

1896年，法国物理学家贝克勒尔在研究铀盐的实验中，首先发现了铀原子核的天然放射性。在进一步研究中，他发现铀盐所放出的这种射线能使空气电离，也可以穿透黑纸使照相底片感光。他还发现，外界压强和温度等因素的变化不会对实验产生任何影响。贝克勒尔的这一发现意义深远，它使人们对物质的微观结构有了更新的认识，并由此打开了原子核物理学的大门。

 名人介绍——贝克勒尔

◆贝克勒尔

安东尼·亨利·贝克勒尔（Antoine Henri Becquerel，1852～1908年）于1852年生于法国。1872年就读于巴黎理工大学，后在公路桥梁学校毕业，获工程师职位。1878年在巴黎自然博物馆任物理学教授，1895年任巴黎理工大学教授。因发现物质的放射性而获1903年诺贝尔物理学奖。1908年逝世。

在发现放射性的初期，人们不知它的危害，贝克勒尔在毫无防护下长期接触放射物质，健康受到严重损害，50多岁就逝世了。科学界为了表彰他的杰出贡献，将放射性物质的射线定名为"贝克勒尔射线"。1975年，第十五届国际计量大会，将放射性活度的国际单位命名为贝克勒尔，简称贝克，符号Bq。若某放射性元素每秒有一个原子发生衰变，其活度即为1贝克。

放射性污染

放射性污染来源及分类：

1. 核武器试验的沉降物。在大气层进行核试验的情况下，核弹爆炸的瞬间，由炽热蒸气和气体形成大球（即蘑菇云）携带着弹壳、碎片、地面

发展的代价——形式多样的环境污染

物和放射性烟云上升，随着与空气的混合，辐射热逐渐损失，温度渐趋降低，于是气态物凝聚成微粒或附着在其他的尘粒上，最后沉降到地面。

2. 核燃料循环的"三废"排放。原子能工业的中心问题是核燃料的产生、使用与回收，核燃料循环的各个阶段均会产生"三废"，能对周围环境带来一定程度的污染。

3. 医疗照射引起的放射性污染。目前，由于辐射在医学上的广泛应用，已使医用射线源成为主要的人工污染源。

◆核武器

4. 其他各种来源的放射性污染。其他辐射污染来源可归纳为两类：

1）工业、医疗、军队、核舰艇，或研究用的放射源，因运输事故、遗失、偷窃、误用，以及废物处理等失去控制而对居民造成大剂量照射或污染环境；

2）一般居民消费用品，包括含有天然或人工放射性核素的产品，如放射性发光表盘、夜光表以及彩色电视机产生的照射，虽对环境造成的污染很低，但也有研究的必要。

 点击——生物富集

生物富集（bio-concentration），又称生物浓缩，是生物有机体或处于同一营养级上的许多生物种群，从周围环境中蓄积某种元素或难分解的化合物，使生物有机体内该物质的浓度超过环境中的浓度的现象。生物富集与食物链相联系，各种生物通过一系列吃与被吃的关系，把生物与生物紧密地联系起来，如自然界中一种有害的化学物质被草吸收，虽然浓度很低，但以吃草为生的兔子吃了这种草，而这种有害物质又很难排出体外的话，便逐渐在它体内积累。而老鹰以吃兔

谁来保护我们的家园

子为生，于是有害的化学物质便会在老鹰体内进一步积累。这样食物链便对有害的化学物质有累积和放大的效应，这是对生物富集的直观表达。污染物是否沿着食物链积累，决定于以下三个条件：即污染物在环境中必须是比较稳定的；污染物必须是生物能够吸收的；污染物是不易被生物代谢过程中所分解的。

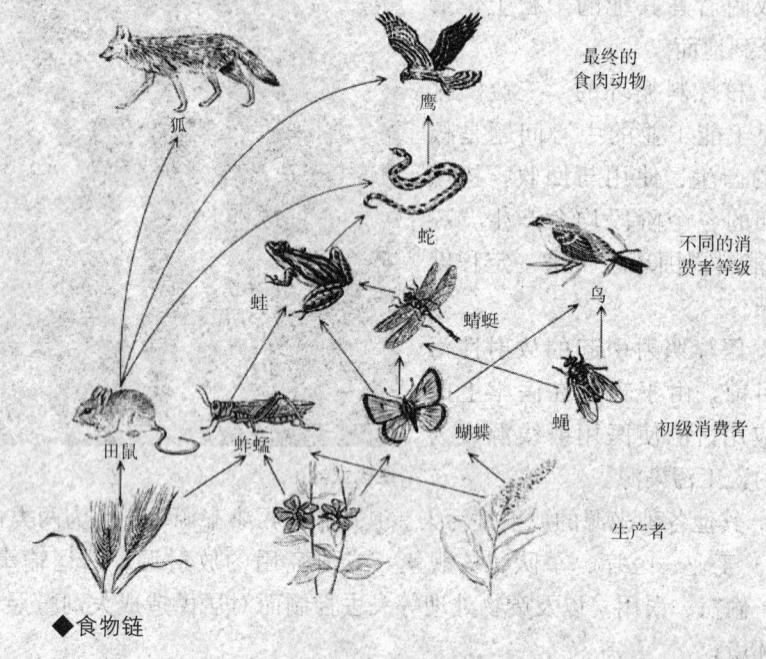

◆食物链

放射性污染的危害

放射性对生物的危害是十分严重的。放射性损伤有急性损伤和慢性损伤。如果人在短时间内受到大剂量的X射线、γ射线或中子的全身照射，就会产生急性损伤。轻者有脱毛发、感染等症状。当剂量更大时，出现腹泻、呕吐等肠胃损伤。在极高剂量的照射下，发生中枢神经损伤直至死亡。

中枢神经症状主要有无力、倦怠、无欲、虚脱、昏睡等，严重时全身肌肉震颤而引起癫痫样痉挛。细胞分裂旺盛的小肠对电离辐射的敏感性很高，如果受到照射，上皮细胞分裂受到抑制，很快会引起淋巴组织破坏。

放射性能引起淋巴细胞染色体的变化。在染色体异常中，用双着丝粒体和着丝立体环估计放射剂量。放射照射后的慢性损伤会导致人群白血病

发展的代价——形式多样的环境污染

和各种癌症的发病率增加。

辐射线破坏机体的非特异性免疫机制，降低机体的防御能力；易并发感染、缩短寿命。此外放射性辐射还有致畸、致突变作用，在妊娠期间受到照射极易使胚胎死亡或形成畸胎。

 小知识

染色体

染色体是遗传物质DNA的载体。当染色体的数目或者结构发生改变时，遗传信息就随之改变，带来的就是生物体的后代性状的改变，这就是染色体变异。它是可遗传变异的一种。

 知识库——神经系统

神经系统的主要部分，其位置常在动物体的中轴，由明显的脑神经节、神经索或脑和脊髓以及它们之间的连接成分组成。在中枢神经系统内大量神经细胞聚集在一起，有机地构成网络或回路。中枢神经系统是接受全身各处的传入信息，经它整合加工后成为协调的运动性传出，或者储存在中枢神经系统内成为学习、记忆的神经基础。人类的意识、心理、思维活动也是中枢神经系统的功能。

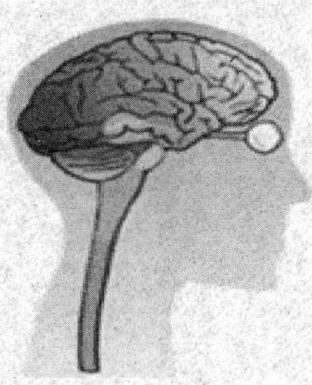

◆神经系统

 谁来保护我们的家园

日常生活中的辐射剂量

项目	剂量
国家规定的安全标准	5毫希/年
北京地区的天然本底	2毫希/年
吃食物	0.2毫希/年
砖制居室	0.4毫希/年
泥土、空气	0.5毫希/年
吸烟20支/天	1毫希/年
乘飞机	0.001毫希/小时
门诊透视（向荧光板投影）	＞0.3毫希/次
胸部X光片（向胶片投影）	＞0.1毫希/次

发展的代价——形式多样的环境污染

基因重组生物从实验室扩散到自然界——基因污染

古时候人们就懂得嫁接，嫁接既能保持接穗品种的优良性状，又能利用砧木的有利特性，达到早结果、增强抗寒性、抗旱性、抗病虫害的能力。还能够增强植株抗病能力，提高植株耐低温能力，有利于克服连作危害，扩大了根系吸收范围和能力，有利于提高产量。

人们在嫁接的引导下，开始了基因工程，下面，让我们来进一步了解一下基因工程……

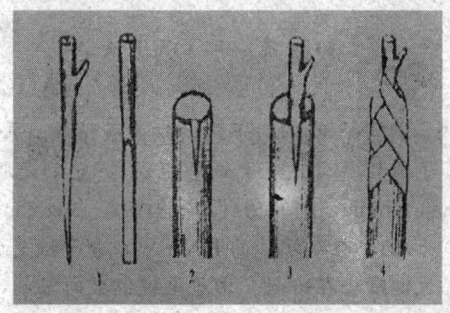
◆捆绑嫁接的方法
1. 接穗　2. 砧木　3. 结合　4. 塑料条

基因工程

基因工程又称基因拼接技术和DNA重组技术，是以分子遗传学为理论基础，以分子生物学和微生物学的现代方法为手段，将不同来源的基因按预先设计的蓝图，在体外构建杂种DNA分子，然后导入活细胞，以改变生物原有的遗传特性、获得新品种、生产新产品。基因工程技术为基因的结构和功能的研究提供了有力的手段。

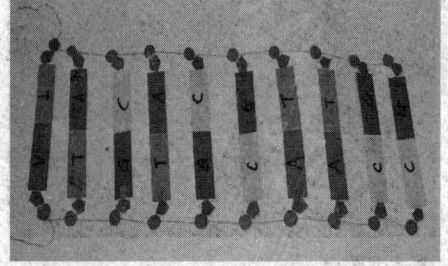
◆DNA分子模型

所谓基因工程是在分子水平上对基因进行操作的复杂技术，是将外源基因通过体外重组后导入受体细胞内，使这个基因能在受体细胞内复制、

47

 谁来保护我们的家园

转录、翻译、表达的操作。

　　它是用人为的方法将所需要的某一供体生物的遗传物质——DNA 大分子提取出来，在离体条件下用适当的工具酶进行切割后，把它与作为载体的 DNA 分子连接起来，然后与载体一起导入某一更易生长、繁殖的受体细胞中，以让外源物质在其中"安家落户"，进行正常的复制和表达，从而获得新物种的一种崭新技术。

知识库——DNA 分子

　　DNA 有四种不同的核苷酸结构（每一个核苷酸都由一分子脱氧核糖，一分子磷酸以及一分子碱基组成），它们是腺嘌呤（adenine，缩写为 A），胸腺嘧啶（thymine，缩写为 T），胞嘧啶（cytosine，缩写为 C）和鸟嘌呤（guanine，缩写为 G）。在双螺旋的 DNA 中，分子链是由互补的核苷酸配对组成的，两条链依靠氢键结合在一起。由于氢键键数的限制，DNA 的碱基排列配对方式只能是 A 对 T 或 C 对 G。

基因污染

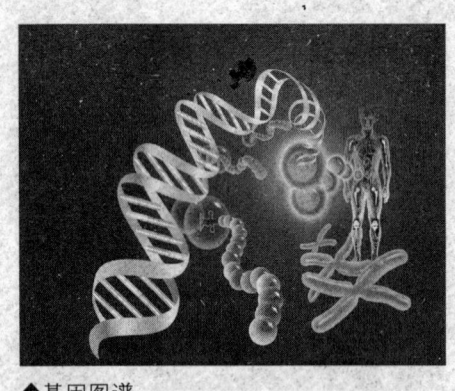

◆基因图谱

　　20 世纪 70 年代基因工程技术兴起时，基因重组实验必须在"负压"实验室进行。为了防止基因重组的生物（当时主要是微生物）不致进入人体或逃逸到外界，实验室设立了各种等级的物理屏障和生物屏障。虽然以后对非病原体基因工程实验的规定有所放宽，但有关生物安全的原则并未变化。各国政府对于基因重组实验颁布有相应的操作规程，以防范重组生物进入人体或扩散到实验室外。但是进入 21 世纪，基因重组生物还是堂而皇之地进入了大自然。不可否认，国际上对已推广的几十种基因工程作物在审批时均认真地考虑过它们对人体和环境的安全

发展的代价——形式多样的环境污染

性，但考虑并不充分，认识也有局限性，更缺乏长期的数据。

外源基因通过转基因作物或家养动物扩散到其他栽培作物或自然野生物种并成为后者基因的一部分，在环境生物学中我们称为基因污染。基因污染主要是由基因重组引起的。

小知识

外源基因有可能通过花粉传授等途径扩散到其他物种，生物学家将这种过程称为"基因漂移"。环保主义者则喜欢使用"基因污染"的概念：外源基因扩散到其他物种，造成了自然界基因库的混杂或污染。

知识库——基因重组

基因重组是指非等位基因间的重新组合。基因重组能产生大量的变异类型，但只产生新的基因型，不产生新的基因。基因重组的细胞学基础是性原细胞的减数分裂第一次分裂，同源染色体彼此分裂的时候，非同源染色体之间的自由组合和同源染色体的染色单体之间的交叉互换。基因重组是杂交育种的理论基础。

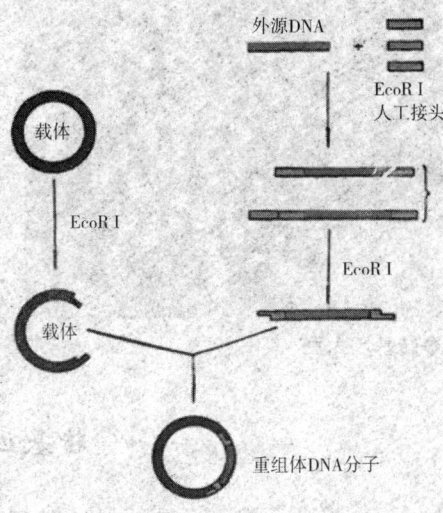

◆基因重组

转基因污染

运用科学手段从某种生物中提取所需要的基因，将其转入另一种生物中，使之与另一种生物的基因进行重组，从而产生特定的具有优良遗传性状的物质。利用转基因技术可以改变动植物性状，培育新品种。也可以利用其他生物体培育出人类所需要的生物制品，用于医药、食品等

49

谁来保护我们的家园

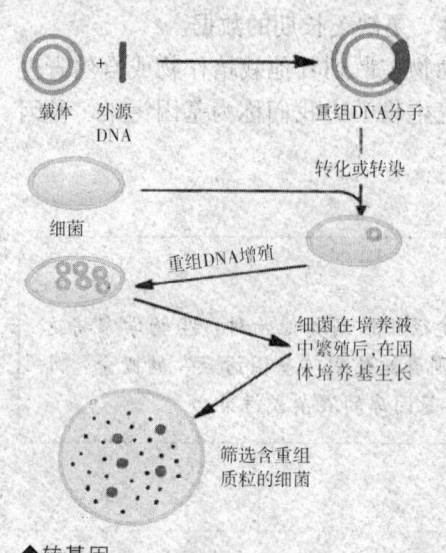

◆转基因

◆转基因大豆

方面。

遗传转化的方法按其是否需要通过组织培养、再生植株可分成两大类，第一类需要通过组织培养再生植株，常用的方法有农杆菌介导转化法、基因枪法；另一类不需要通过组织培养，目前比较成熟的主要有花粉管通道法。

基因工程作物中的转基因能通过花粉风扬或虫媒所进行的有性生殖过程扩散到其他同类作物已是不争的事实。这是一种遗传学上称为"基因漂散"的过程。其次，传统作物被转基因作物污染，从种植到成品，几乎每一个环节都有可能发生。在田间发生杂交是原始的污染，第二次污染则发生在没有清理干净的仓库和运输环节，致使传统作物的种子混杂有基因工程作物的种子。

转基因作物中含有从不相关的物种转入的外源基因，例如，美国孟山都公司的转基因大豆含有矮牵牛的抗除草剂基因。

转基因产物

转基因植物

2002年2月，英国政府环境顾问"英国自然"提交的一份报告中，特意描述了加拿大转基因油菜超级杂草的威胁。到2006年，加拿大的农田里，同时拥有抗3种以上除草剂的杂草化转基因油菜非常普遍。这是由对

发展的代价——形式多样的环境污染

不同除草剂具有抗性的转基因油菜植株之间交叉授粉实现的。而这种超级杂草的出现,距离加拿大首次种植转基因油菜的时间间隔只有 2 年。此外,在加拿大,转基因作物的基因还通过授粉的方式,漂流到了不含转基因农作物的农田和附近的野生植物当中。被污染的野生植物从转基因中获得了新的如耐寒、抗病、速长、抗除草剂等性状,因此具有更强的生命力。

▶油菜花

转基因动物

转基因动物也具有危险性,如转基因鱼类和转基因无脊椎动物,都具有极强的繁殖能力或能向外界释放大量的生殖配子。在模拟系统的研究中,美国学者已证明,基因工程鱼的转基因成分能扩散到野生同类的种群中。除了直接后果外,因食物链引起的间接危险也不容忽视。基因工程 Bt 毒蛋白,能大规模地消灭害虫,但杀虫过程无法控制,这就可能造成以这些害虫为食的物种(如昆虫和鸟类)数量急剧下降。在苏格兰进行的一项研究发现,一种蚜虫吸收含 Bt 毒素的基因工程作物的液汁,然后又被一种有益昆虫——甲虫捕食,Bt 毒蛋白转移到甲虫身上,影响了甲虫的繁殖。来自加拿大的研究报道,基因工程 Bt 作物还能毒杀另一种害虫大敌——膜翅类昆虫。在美国,科学家发现基因工程 Bt 玉米花粉能毒杀一种非目标昆虫——美洲大皇蝶。现代农业生态系统的新概念并非是消灭害虫,而是将其控制在不构成灾害的水平,但像 Bt 蛋白这样通过食物链的转移,对农业生态系统平衡的维持和实施传统的生物防治是一种严重的干扰,有可能打破自然界的生态平衡。

▶昆虫

 谁来保护我们的家园

Bt 毒蛋白

"Bt 毒蛋白"中的"Bt"是细菌"Bacillus thuringiensis"的缩写。"毒"是指其对特定的物种有毒性,但并非对所有的生物体都有毒性。而且不同的 Bt 菌系产生的毒蛋白的特异性也不同。

黯然失色的美好生活

——生活中的污染源

在浩瀚无边的宇宙太空中,有一颗迷人的蔚蓝的星球,被人们称之为"地球"。她的"迷人"不在于其鲜艳夺目的色彩,也不在于她是迄今为止我们所知道的宇宙中唯一的蔚蓝星球,而在于她那蔚蓝色的面纱下的球形表面上有着我们共知的宇宙中可让生命生存的自然环境,以及生存着的包括人类在内的所有生物。

人一直以为地球上的海、陆、空是无穷尽的,所以从不担心把千万吨废气送到天空中去,又把数以亿吨计的垃圾倒进海洋。大家都认为世界这么大,这一点废物算什么?这个想法错了,真的错了。

黯然失色的美好生活——生活中的污染源

要美还是要健康
——染发剂的污染

改革开放一声炮响,给中国的经济带来了翻天覆地的变化,在西方思想的冲击下,人们的观念可以说是发生了根深蒂固的改变。昨天可能还是漂亮的东西,今天可能就要被淘汰了。黄皮肤黑头发这一传统的中国式审美标准,今天已不再时髦了。五颜六色的头发充斥着大街小巷,这才是流行。

爱美之心人皆有之,改变一下发色,这也算是给自己增添生活的小插曲。染发在今天这么时尚,让我们一起走进理发店,去了解一下染发。

◆美丽的秀发

染发剂的原理

◆染发剂

染发剂是指能够改变头发颜色的化妆品,可将头发染成色彩各异、深浅不同的颜色。我国染发产品被定义为特殊用途的化妆品。所谓特殊用途就是其作用介于药品和化妆品之间,在我国将其纳入化妆品法规管理。

染发剂可分为暂时性染发剂、半永久性染发剂和永久性染发剂;而按照剂型分类,可分为乳膏型、

谁来保护我们的家园

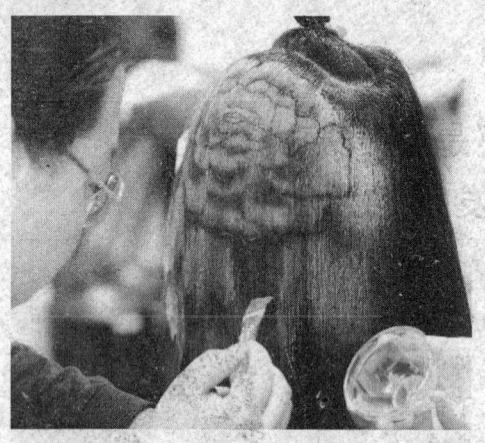

◆染发

◆天然染发剂

凝胶型、摩丝型、粉剂型、染发条、润丝等。

目前市场上染发化妆品中最主要的染发剂都属于永久性染发剂，所使用的染料有：天然植物型、金属盐类和氧化型染料。其中使用最普遍的是氧化型染料。这类产品以两剂型为主，一剂是含有染料的基质，可以是乳膏、粉末或水剂，主要染料为对苯二胺类；另一剂是氧化剂，主要成分是过氧化氢，可以配成水溶液，也可以配成膏状基质或粉末，使用时将两剂等量混合，然后均匀涂刷于头发上，经过20～30分钟着色后，用水冲洗干净即可。

永久性染发剂的染发机理简单地说就是染发剂中所含的氨水或碱性成分将头发的鳞片层打开，染料小分子（中间体和偶合剂或改性剂）和氧化剂一起渗入毛发的皮质层，同时发生氧化缩合反应，染料被氧化成大分子化合物，留在皮质层中，即显示出目标颜色。

 开心驿站

天然染发剂

指甲花，学名海娜，药房可以买到"海娜粉"，其本身带有天然红棕色素。阿拉伯人很早就种植这种植物，用它的汁液来染指甲和修饰自己。据记载，埃及艳后就是利用指甲花来染头发的。

黯然失色的美好生活——生活中的污染源

 知识库——对苯二胺

对苯二胺（PPD）英文全称 p-phenylene diamine，系统命名为对二氨基苯；分子式 $C_6H_8N_2$；分子量 108.1426；白色至淡紫红色晶体；可燃。暴露在空气中变成紫红色或深褐色；熔点 140℃；沸点 267℃；能升华。溶于水、乙醇、乙醚、氯仿和苯。可用作染料中间体、染发剂及高级抗氧化剂。有毒。宜贮存于阴凉、通风、干燥处。防热、防潮、防晒。按有毒易燃化学品规定贮运。

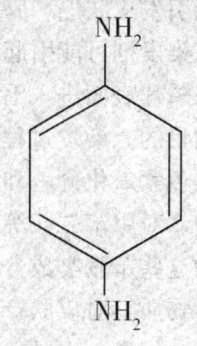

◆对苯二胺结构式

染发剂的背后

染发所使用的染发剂最普遍的是持久性氧化型染发剂，常用合成有机色素染料。持久性氧化型染发剂的主要成分是双氧水（H_2O_2）和对苯二胺（PPD）。

◆染发剂危害的漫画

◆染发剂中含对苯二胺

"领先一步学科学"系列

谁来保护我们的家园

有报道指出，氧化型染发剂含有20多种化学成分，其中半数以上具有致突变性，如果长期使用可通过皮肤吸收在人体内蓄积，产生慢性中毒，可能引发皮肤癌、膀胱癌、乳腺癌、淋巴癌、白血病等严重后果。

染发剂可能引起的第二种危害就是皮肤过敏。染发剂的染发原理是经由毛鳞片表面进入毛发皮质层，通过氧化作用与发内硫醇物结合而达到染发的目的。染发过程一般是：第一剂是脱染剂，通过强氧化物质把毛发中的黑色素氧化分解和脱色；第二剂是染发剂，主要成分是对苯二胺、对氧基酚、对甲苯二胺等，为已脱去黑色素的毛发重新染上新的颜色。染发剂中的这些苯胺类成分，是很强的过敏源，在氧化反应过程中可生成挥发性有毒物质，对皮肤产生刺激性作用，导致接触性皮炎，表现为局部刺痒、疼痛、红斑、水肿、丘疹、水疱，严重者可有大疱、渗出、糜烂，甚至全身性反应。

染发剂之所以会导致皮肤过敏、白血病等多种疾病，是因为染发剂中含有一种名叫"对苯二胺"的化学物质。对苯二胺是国际公认的致癌物质之一。由于染发剂接触皮肤，而且在染发的过程中还要加热，苯类有机物质经过接触和加热后，通过头皮进入毛细血管，然后随血液循环到达骨髓，如果长期反复作用于造血干细胞，会导致白血病的发生。经常染发的人群乳腺癌、皮肤癌、膀胱癌的发病率都会增加。

万花筒

过氧化氢

过氧化氢，水溶液名为双氧水，英文名称 hydrogen peroxide，化学式 H_2O_2，水溶液为无色透明液体，有微弱的特殊气味。纯过氧化氢是淡蓝色的油状液体，能与水、乙醇或乙醚以任何比例混合。

黯然失色的美好生活——生活中的污染源

 友情提醒——染发剂对老年人的危害

医生提醒说，老年人染发比年轻人染发更危险！在染发致病的人群中，年轻人黑发染成彩色的致病率相对低一些，致病率高的往往是那些把白发染成黑发的老年人。

这是因为，老年人染发要从发根染起，染发剂与头皮紧密接触，再加上老年人染发的时间间隔往往很短，头部皮肤反复吸收染发剂，如果体质较差，就更容易对身体造成危害。

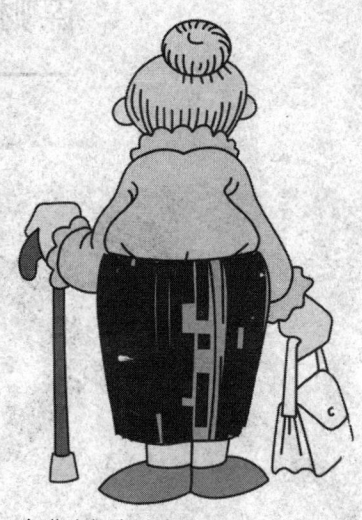

◆满头银发的老年人

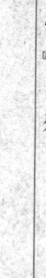

谁来保护我们的家园

谋财害命的李鬼
——假酒的危害

◆人参

在这个物品泛滥的年代，人们对物质生活的盲目追求，给市场经济的供求关系造成了一定的压力，在这种压力的催化下，市场经济的发展出现了畸形。在奇货可居或供不应求的情况下，那些不法分子就开始钻法律的空子，次品、假冒伪劣产品、仿真品……层出不穷，充斥着整个市场。实在是鱼目混珠，真假难辨。在这样的年代里，我们也许真的需要一对"火眼金睛"……

酒的功效

造假的种类很多，可以说已渗入到了每个行业，下面我们就从酒说起……

远在史前时期，人类已开始喝酒。当时人类靠狩猎谋生，可能偶然发现葡萄树下成熟的葡萄受空气中的酵母感染，自然发酵成酒，饥饿疲倦的猎人品尝后，顿觉精神百倍，疲劳尽消，体力增强，从此人类开始研究

黯然失色的美好生活——生活中的污染源

人工发酵制酒。的确，酒的功用真多，它可以消毒皮肤及器具、提取药物、制成药酒，喝少量的酒可使人感觉温暖，精力充沛，活力倍增，因此在社交场合中，人们常喜欢喝酒助兴。因酒的这些奇妙作用，人们称它为"生命之水"，也因此用它来祭神拜祖。但是世界上没有十全十美的事，酒与其他能成瘾之药物如安眠药及吗啡一样，常喝会使人成瘾，变成习惯性饮酒，导致慢性酒精中毒，严重影响个人健康；更

◆李白醉酒

有甚者，过量的酒可使人酒醉，语无伦次，易变得冲动而与人吵架甚而引发凶杀案；醉酒者开车，因视觉模糊且反应迟钝，常发生车祸。因此世界各国都制定法律，规定未成年人不得买酒及喝酒，驾驶人员行车前不能喝酒等。

 小知识

酒的度数

在20℃时，100毫升酒中含有多少毫升纯乙醇，即为该酒的酒度用‰vol表示。

其中‰vol是由国际通用体积分数‰v/v演化过来，于2005年9月15日发布，2006年10月1日实施的预包装饮料酒标签通则中，规定取代v/v。

酒精的化学名称是乙醇。醇类对中枢神经系统（脑）皆有抑制作用，其量由小而大依序产生镇静、催眠、麻醉、昏迷及致死的作用。一般饮酒（如威士忌酒，含45%乙醇，相当于酒精标准度数之90度）达120～180毫升后，血液内乙醇浓度可达0.15%（即100毫升的血液内乙醇含量为150毫克），就使人酒醉。

谁来保护我们的家园

 小资料——酒的历史

◆仪狄像

相传夏禹时期的仪狄发明了酿酒。公元前二世纪,史书《吕氏春秋》云:"仪狄作酒。"汉代刘向编辑的《战国策》则进一步说明:"昔者,帝女令仪狄作酒而美,进之禹,禹饮而甘之,曰:'后世必有饮酒而之国者。'遂疏仪狄而绝旨酒。"

但据有关资料记载,地球上最早的酒,应是落地野果自然发酵而成的。所以,我们可以这样认为,酒的出现,不是人类发明的结果,而是天工的造化。

酒的别名叫杜康,杜康是古代高粱酒的创始人,后世将杜康作为酒的代称。"何以解忧,唯有杜康"的名句出自曹操的《短歌行》。

假酒泛滥

世界上不乏嗜酒如命的人,在奇货可居或供不应求的情况下,假酒事件就层出不穷了。不法商人制造假酒以谋取厚利,殊不知假酒内的主要成分之一是剧毒的甲醇,即使微量也可使人中毒,导致目盲或命丧。据文献记载,美国曾因禁酒贩卖,七个月内竟有400人因饮假酒中毒死亡。另一假酒事件发生于1951年10月20日,美国亚特兰大及佐治亚州因假威士忌(含35%甲醇及15%乙醇)使320人中毒,其中37人死亡。二次世界大战时,因闹酒荒,美军饮假酒而失明者,占全国失明者6%,此数字不包括因

◆威士忌

黯然失色的美好生活——生活中的污染源

假酒中毒死亡者,可见法律严明的美国也常发生严重的假酒中毒事件。最近我国也因假酒事件,一些人不幸中毒失明,而使大家警觉假酒的严重性。

据报道,市面上的假酒含甲醇约4%,因此喝一大瓶(假定为750毫升)的假酒,内含甲醇30毫升,就能引起严重的中毒反应,敏感的人甚至可致死。

◆酒

喝了假酒后,快者一小时,慢者十二至四十八小时内就会出现中毒症状,甲醇在人体内的潜伏期平均为八小时,之后甲醇在体内转变成具有剧毒作用的代谢产物甲醛和甲酸,而引起部分或完全失明,严重者死亡的后果。潜伏期的长短及中毒程度除由摄取甲醇量之多少决定外,乙醇之摄取量也大有关系。乙醇越多者,可延迟及缓和甲醇中毒现象,因乙醇通过竞争抑制醇酸氢酶的作用。

 知识库——乙醇和甲醇

乙醇的化学式为 CH_3CH_2OH,俗称酒精,它在常温、常压下是一种易燃、易挥发的无色透明液体,它的水溶液具有特殊的、令人愉快的香味,并略带刺激性。乙醇的用途很广,除用来制造醋酸、饮料、香精、染料、燃料外,医疗上也常用体积分数为 70%~75% 的乙醇作消毒剂等。

◆乙醇

◆甲醇模型

谁来保护我们的家园

　　甲醇系结构最为简单的饱和一元醇,化学式为 CH_3OH。甲醇又称"木醇"或"木精",是一种无色、透明、易燃、易挥发的有毒液体,略有酒精气味。误饮 5~10 毫升甲醇溶液能双目失明,大量饮用会导致死亡。

黯然失色的美好生活——生活中的污染源

一次性用品
——随手丢弃的林木资源

人们的生活节奏越来越快,追求的生活质量也越来越高,节约时间、讲究卫生好像成了现在生活的一种模式。商家为了迎合消费者的心理,大量一次性用品随之而来,充斥着整个市场。

是的,我们不得不承认一次性用品确实是给我们带来了方便,让我们"节约了时间",可你有没有想过它真的卫生吗?谁有想过生产这些一次性用品可能会给我们生活带来的包袱……

◆生活节奏

一次性用品简介

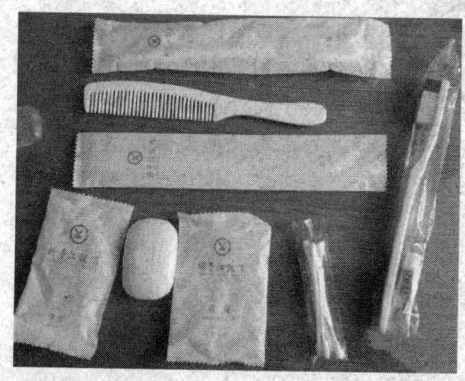
◆一次性用品

一次性用品就是只使用一次就扔掉的用品,包括餐盒和筷子等。近年来,人们的生活节奏大大加快了,忙着上班,始终忙着上学,忙着赚钱,忙着休闲,始终在忙碌中。"一次性用品"越来越受到青睐,甚至在机关食堂,也有许多人使用"一次性碗筷",用完就扔,连洗碗的时间都省下了。"一次性

《领先一步学科学》系列

# 谁来保护我们的家园

用品"确实给人们的生活带来了方便,但是其对环境的污染也随之越来越严重。最具代表的就是一次性筷子。一次性筷子是指使用一次就丢弃的筷子,又称"卫生筷"、"方便筷",是社会生活快节奏的产物。一次性筷子目前主要有一次性木筷和一次性竹筷。一次性筷子由于卫生方便受到餐饮业的青睐,但是一次性木筷造成大量林地被毁的问题也日益凸显。

◆一次性筷子

 友情提醒——揭秘一次性筷子

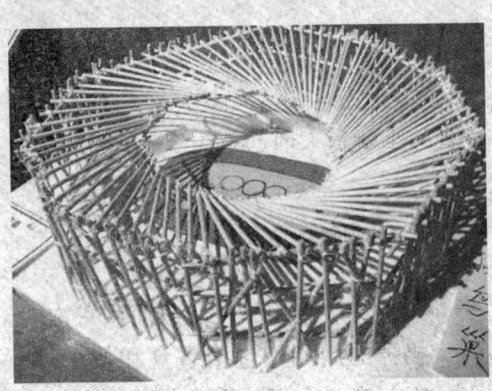

◆一次性筷子

一次性筷子的包装上多数都印有高温消毒清洁卫生的字样,但实际上,因为一次性筷子价格低廉,市场占有率大,为了争夺这块市场,很多小企业并不按照规定进行生产、消毒,而是采用硫磺熏、双氧水、硫酸钠浸泡,漂白,滑石粉抛光,就是为降低成本,实际上根本就没有达到卫生消毒的目的,而一次性筷子的外包装聚乙烯膜给人民带来的危害就更大了,这种从生产线下来的东西,在高温下会产生更多的有害成分,会诱发人体产生很多的慢性疾病。

黯然失色的美好生活——生活中的污染源

◆一次性筷子生产

一次性筷子的危害

第一、损害呼吸功能。一次性筷子制作过程中须经过硫磺熏蒸，所以在使用过程中遇热会释放有毒物质，侵蚀呼吸道黏膜。

第二、损害消化功能。一次性筷子在制作过程中用双氧水漂白，双氧水具有强烈的腐蚀性，对口腔、食道甚至胃肠造成腐蚀；打磨过程中使用

 谁来保护我们的家园

滑石粉，若清除不干净，在人体内慢慢累积，会使人患上胆结石。

第三、病菌感染。经过消毒的一次性筷子保质期最长为4个月，一旦过了保质期很可能带上金黄色葡萄球菌、大肠杆菌及肝炎病毒等。

第四、一次性筷子还会间接导致"温室效应"。因为对树木的大量砍伐，树少了，二氧化碳会增多，大气层会加厚，热量难以散开，就产生了"温室效应"。

 小资料——惊人的事情

一次性筷子虽然卫生不达标，可消耗量却惊人，浪费有限的林木资源。我国森林资源很少，但对森林采伐过度，每年林木消耗量超过生长量2亿立方米。现在中国每年生产大约450亿双一次性筷子，耗木材约130万立方米，需要砍伐2500万棵树，减少森林面积200万平方米。据有关专家预测，按照目前的速度，中国可能在20年内砍掉所有森林！

黯然失色的美好生活——生活中的污染源

白色污染——难降解的塑料垃圾

聚苯乙烯、聚丙烯、聚氯乙烯等高分子化合物制成以后，它们给人们的生活带来的方便真可谓是妙不可言，谁敢说他没有享受过它们带来的好处和便利。也许你还在否认，那是因为你还不知道它们到底是什么产品的原料，它们就是用来制造塑料的。

自从塑料诞生之后，我们的食品包装几乎被它垄断，我们买菜再不用菜篮子了，一个个购物袋在你我手中穿梭。

可塑料产品带给我们的不仅是方便，它对环境的污染更是令人生畏……

◆各式各样的塑料袋

什么是白色污染？

白色污染

白色污染是人们对难降解的塑料垃圾（多指塑料袋）污染环境现象的一种形象称谓。它是指用聚苯乙烯、聚丙烯、聚氯乙烯等高分子化合物制成的各类生活塑料制品使用后被弃置成为固体废物，由于随意乱丢乱扔，难于降解处理，以致造成城市环境严重污染的现象。

◆废旧光碟

"领先一步学科学"系列

谁来保护我们的家园

◆七月天飞雪

白色污染的主要来源有食品包装、泡沫塑料填充包装、快餐盒、农用地膜等。

白色污染是我国城市特有的环境污染,在各种公共场所到处都能看见大量废弃的塑料制品,它们从自然界而来,由人类制造,最终归结于大自然时却不易被自然所消纳,从而影响了大自然的生态环境。

塑料制品作为一种新型材料,具有质轻、防水、耐用、生产技术成熟、成本低的优点,在全世界被广泛应用且呈逐年增长趋势,简直可以称作"白色革命"。但它在为人们提供方便的同时,也给人们带来了一场"白色灾难"。

塑料发展史

从第一个塑料产品赛璐珞诞生算起,塑料工业迄今已有140多年的历史。

1869年,美国人J·W·海厄特发现在硝酸纤维素中加入樟脑和少量酒精可制成一种可塑性物质,热压下可成型为塑料制品,命名为赛璐珞。

1872年在美国纽瓦克建厂生产。1903年德国人A·艾兴格林发明了不易燃烧的醋酸纤维素和注射成型方法。1905年德国拜耳股份公司进行工业生产。1926年,美国人W·L·西蒙把尚未找到用途的聚氯乙烯粉料在加热条件下溶于高沸点溶剂中,在冷却后,意外地得到柔软、易于加

◆塑料制品

黯然失色的美好生活——生活中的污染源

工、且富于弹性的增塑聚氯乙烯。这一偶然发现打开了聚氯乙烯得以工业化生产的大门。1931年，德国法本公司在比特费尔德用乳液法生产聚氯乙烯。1941年，美国又开发了悬浮法生产聚氯乙烯的技术。

 名人介绍——海厄特

海厄特，美国化学家，赛璐珞发明者。1837年11月28日生于纽约斯塔基。1920年5月10日卒于新泽西。1869年，他完成了赛璐珞的制造技术，并设计制造了生产赛璐珞的专用设备，1870年获得了专利。1872年与其兄弟一起建厂生产赛璐珞出售，开创人类制造高分子材料的新纪元。后又将赛璐珞制成透明片材以代替重而易碎的玻璃片用作照相片基。此外，他还发明了用混凝剂使水净化的方法。1891年发明了在现代机器上广泛采用的滚珠轴承。还发明了甘蔗压榨制糖机；制造机器传动皮带的缝合机；用赛璐珞制成的人造象牙制弹子球和其他制品等。他毕生从事发明创造，对人类作出了巨大贡献。由于发明赛璐珞，在1914年获得了珀金斯奖章。

◆海厄特

废旧塑料的危害

丢弃在环境中的废旧包装塑料，不仅影响市容和自然景观，产生"视觉污染"，而且因难以降解，对生态环境还会造成潜在危害：

第一、一次性发泡塑料饭盒和用塑料袋盛装食物严重影响我们的身体健康。当温度达到65℃时，一次性发泡塑料餐具中的有害物质将渗入到食物中，会对人的肝脏、肾脏及中枢神经系统等造成损害。

第二、使土壤环境恶化，严重影响农作物的生长。我国目前使用的塑料制品的降解时间，通常至少需要200年。农田里的废农膜、塑料袋长期

谁来保护我们的家园

◆农田薄膜

◆焚烧垃圾

残留在田中，会影响农作物对水分、养分的吸收，抑制农作物的生长发育，造成农作物的减产。若牲畜吃了塑料膜，会引起消化道疾病，甚至死亡。

第三、填埋作业仍是我国处理城市垃圾的一个主要方法。由于塑料膜密度小、体积大，它能很快填满场地，降低填埋场地处理垃圾的能力；而且，填埋后的场地由于地基松软，垃圾中的细菌、病毒等有害物质很容易渗入地下，污染地下水，危及周围环境。

第四、若把废塑料直接进行焚烧处理，将给环境造成严重的二次污染。塑料焚烧时，不但产生大量黑烟，而且会产生二恶英——迄今为止毒性最大的一类物质。二恶英进入土壤中，至少需15个月才能逐渐分解，它会危害植物及农作物；二恶英对动物的肝脏及脑有严重的损害作用。焚烧垃圾排放出的二恶英对环境的污染，已经成为全世界关注的一个极敏感的问题。

 小博士

我们现在用来装物品的超薄塑料袋一般是聚氯乙烯塑料。早在四十年前，人们就发现聚氯乙烯塑料中残留有氯乙烯单体。当人们接触氯乙烯后，就会出现手腕、手指浮肿，皮肤硬化等症状，还可能出现脾肿大、肝损伤等病症。

黯然失色的美好生活——生活中的污染源

链接——生产的内幕

在我国，大部分的超薄塑料袋几乎都来自废塑料的再利用，是由小企业或家庭作坊生产的。这些生产厂所用原料是废弃塑料桶、盆、一次性针筒等。生产时，首先用机械把原料粉碎成塑料粒子，再把塑料粒子放在一个水池里清洗（消毒），取出来晒干，再用机械把它压成膜，制成各种塑料袋。每次吃饭时，就有不少人用塑料袋装饭菜，他们不知道这种行为不仅危害环境，也危害自己的身体。

◆塑料餐具

白色污染的现状

第一、侵占土地过多。塑料类垃圾在自然界停留的时间也很长，一般可达100～200年。

第二、污染空气。塑料、纸屑和粉尘随风飞扬。

第三、污染水体。河、海水面上漂着的塑料瓶和饭盒，水面上方树枝上挂着的塑料袋、面包纸等，不仅造成环境污染，而且如果动物误食了白色垃圾会伤及健康，甚至会因其绞在消化道中无法消化而活活饿死。

◆白色污染的现状

第四、火灾隐患。白色垃圾几乎都是可燃物，在天然堆放过程中会产生甲烷等可燃气，遇明火或自燃易引起的火灾事故不断发生，时常造成重大损失。

第五、白色垃圾可能成为有害生物的巢穴，它们能为老鼠、鸟类及蚊蝇提供进食、栖息和繁殖的场所，而其中的残留物也常常是传染疾病的

谁来保护我们的家园

根源。

第六、废旧塑料包装物进入环境后,由于其很难降解,造成长期的、深层次的生态环境问题。废旧塑料包装物混在土壤中,影响农作物吸收养分和水分,将导致农作物减产。

黯然失色的美好生活——生活中的污染源

生活污水
——可怕的疫病扩散源

现代人都讲究文明、讲究卫生，生活之中无处不体现着这一理念。

当你在洗衣服的时候，当你在洗餐具的时候，当你在洗澡的时候，当你在冲厕所的时候，你看到"哗哗"的水就这样流走时，你会想到你是在谋害自己吗？

我们来解密生活的面纱……

◆水

生活污水的来源

生活污水是指城市机关、学校和居民在日常生活中产生的废水，包括厕所粪尿、洗衣洗澡水、厨房等家庭排水以及商业、医院和游乐场所的排水等。

在我国，随着城市人口的增加和工农业生产的发展，污水排放量也日益增加，水体污染相当严重，而且几乎遍及全国各地。

人类生活过程中产生的污水，主要是粪便和洗涤污水，是水体

◆洗衣

"领先一步学科学"系列

谁来保护我们的家园

◆洗澡

的主要污染源之一。城市中每人每日排出的生活污水量为150～400升,其量与生活水平有密切关系。生活污水中含有大量有机物,如纤维素、淀粉、糖类和脂肪、蛋白质等;也常含有病原菌、病毒和寄生虫卵;此外还含有无机盐类的氯化物、硫酸盐、磷酸盐、碳酸氢盐和钠、钾、钙、镁盐等。生活污水总的特点是含氮、含硫和含磷量高,在厌氧细菌作用下,易生恶臭物质。

洗衣粉的危害

◆各式各样的洗衣粉

平时很多人用洗衣粉洗衣服感到方便、快捷,如今它的使用率远远超出肥皂,但很多人对洗衣粉的危害却知之甚少。由于洗衣粉是从煤焦油及石油的下脚料中提炼出来的,因此有一定的刺激作用。如果人们过多地接触洗衣粉,会引起眼睛酸胀流泪、打喷嚏、流鼻涕;吸入过多,会使呼吸系统的抵抗力下降,易感染,对于呼吸道疾病过敏者则可引起支气管哮喘。其中的苯、铜等物质还会使血液中的胆固醇含量增加,造成心血管系统损害。

加酶洗衣粉中添加了碱性蛋白酶,以水解衣物上的蛋白质,起到去污除垢的作用。这种碱性蛋白酶同样可分解皮肤表面蛋白质,而使人患上过敏性皮炎、湿疹等。

我们用湿手抓取洗衣粉时会感到洗衣粉在放热,这是洗衣粉中的碱性物质及其他化学物质正在对我们的肌肤进行侵害。长期接触后会导致皮

黯然失色的美好生活——生活中的污染源

疹、红斑、湿疹等皮肤病，如过多通过皮肤吸收到体内，还可能损害人体的造血功能、淋巴系统、肝功能。

　　夏天到了，洗衣服的次数明显增多。对于经常接触洗衣粉的家庭主妇来说，更应小心它可能带来的危害。洗衣粉会增加女性患乳腺癌、多发性子宫肌瘤、不孕症的风险，加速造成动脉硬化、高血压、心肌梗死等血循环的病变。

 小　博　士

　　洗衣粉是烷基苯磺酸钠、硫酸钠、甲苯碘酸钠、三聚磷酸钠以及羧甲基纤维合成的碱性化学洗涤剂。常接触洗衣粉（水），易使皮肤角质化、皲裂；用洗衣粉洗头会使头发变黄、发脆；洗衣粉若进入人体造血系统后则会影响肝脏功能。

 小贴士——洗涤剂污染

　　洗涤剂污染是指由洗涤用品造成的环境污染。洗涤剂大多是人工合成的有机化合物，如洗衣粉、洗涤灵等。其中含磷（磷酸钠）量较高，洗涤后含磷的废水流入江河湖泊，引起水体富营养化，致使水体中藻类繁殖旺盛，造成鱼类及其他水生生物缺氧死亡，直至水质变坏甚至变质发臭。另外高磷洗涤剂对皮肤有直接的刺激作用，可引发多种皮肤病。

医用污水

　　医用污水指医院产生的含有病原体、重金属、消毒剂、有机溶剂、酸、碱以及放射性物质等的污水。医院产生污水的主要部门和设施有：诊疗室、化验室、病房、洗衣房、X光照相洗印、动物房、同位素治疗诊断、手术室等排水；医院行政管理和医务人员排放的生活污水，以及食堂、单身宿舍、家属宿舍排水。

谁来保护我们的家园

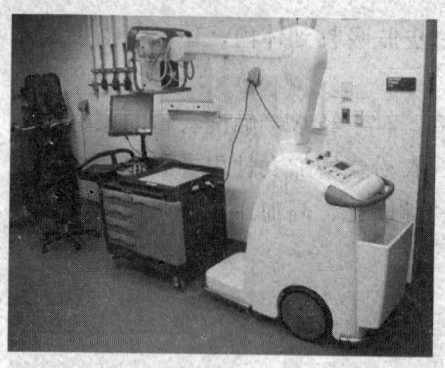

◆X光设备

医用污水来源及成分复杂，含有病原性微生物、有毒、有害的物理化学污染物和放射性污染等，具有空间污染、急性传染和潜伏性传染等特征，不经有效处理会成为一条疫病扩散的重要途径并严重污染环境：

第一、医用污水受到粪便、传染性细菌和病毒等病原性微生物污染，具有传染性，可以诱发疾病或造成伤害；

第二、医用污水中含有酸、碱、悬浮固体、BOD、COD和动植物油等有毒、有害物质；

第三、牙科治疗、洗印和化验等过程产生的污水含有重金属、消毒剂、有机溶剂等，部分可致癌、致畸或致突变，危害人体健康并对环境有长远影响；

第四、同位素治疗和诊断产生放射性污水。放射性同位素在衰变过程中产生α、β和γ放射性射线，在人体内累积而危害人体健康。

知识库——COD和BOD

COD——化学需氧量，是Chemical Oxygen Demand的简写。它是表示水中还原性物质多少的一个指标，也是衡量水中有机物质含量多少的指标。化学需氧量越大，说明水体受有机物的污染越严重。

BOD——生化需氧量，是Biochemical Oxygen Demand的简写。它是表示水中有机物等需氧污染物质含量的一个综合指标。其值越高说明水中有机污染物质越多，污染也就越严重。

水冲厕所的危害

水冲厕所的普及在惠及市民的同时，也给河道带来灾难性的后果——

黯然失色的美好生活——生活中的污染源

碧波荡漾的河道成了一个个巨大的化粪池。据某城市数据资料显示，该城市河道污染在20世纪80年代时，1/3是工业污水，2/3是生活污水；而20世纪90年代后期以来，污水源基本是生活污水，而生活污水中的26%是水冲厕所产生的。这些厕所的排泄物只能通过城市下水道移送，而每个人每天都要上厕所，每天都要排放氮、磷

◆水冲厕所

物质。拥有几百万人的城市，每天排放的污水是一个惊人的数字，哪个河道能承受得了。一方面，由于粪便污泥中含有大量氮、磷和有机污染物，这些污染物直接或间接进入水体后，加快了河水的富营养化进程；另一方面，由于粪便未得到妥善处理，其破坏卫生，传播疾病的问题也日益突出。厕所是一个城市文明程度的表现之一。一个城市的建设和发展一定程度上受制于这个城市的环境污染，而厕所又是环境保护的一部分，水冲厕所的确已经给许多大城市带来了巨大的灾难。

 谁来保护我们的家园

不可降解的重金属污染——废旧电池

电池的发明已经有200多年的历史了，它与我们的生活也日益密切。随着人们生活水平的提高和现代化通信业的发展，人们使用电池的机会愈来愈多，手机、寻呼机、随身听、袖珍收音机等都需要大量的电池作电源，谁家没有电池呢，谁又没有在用电池呢？

◆电池

所以，今后一个时期，会有更多的废电池出现。就体积和重量而言，废电池在生活垃圾中是微不足道的，但是，千万不要以貌取物……

电池发展史

1780年，意大利解剖学家伽伐尼在做青蛙解剖实验时，两手分别拿着不同的金属器械，无意中同时碰在青蛙的大腿上，青蛙腿部的肌肉立刻抽搐了一下，仿佛受到电流的刺激，而只用一种金属器械去触动青蛙，却并无此种反应。伽伐尼认为，出现这种现象是因为动物躯体内部产生的一种电，他称之为"生物电"。伽伐尼于1791年将此实验结果写成论文，并将之公布于学术界。

伽伐尼的发现引起了物理学家们极大的兴趣，他们竞相重复伽伐尼的实验，企图找

◆伏特

领先一步学科学系列

黯然失色的美好生活——生活中的污染源

到一种产生电流的方法，意大利物理学家伏特在多次实验后，最终在1799年，发现当把一块锌板和一块银板浸在盐水里，连接两块金属的导线中有电流通过。于是，他就把许多锌片与银片之间垫上浸透盐水的绒布或纸片，平叠起来。用手触摸金属片两端时，会感到强烈的电流刺激。伏特用这种方法成功地制成了世界上第一节电池——"伏特电堆"。

 名人介绍："生物电"的发现者——伽伐尼

伽伐尼，意大利医生和动物学家。1737年9月9日诞生于意大利的博洛尼亚。他从小接受正规教育，1756年进入博洛尼亚大学学习医学和哲学。1759年从医，开展解剖学研究，还在大学开设医学讲座。1766年任大学解剖学陈列室示教教师。1768年任讲师。1782年任博洛尼亚大学教授。1791年他把自己长期从事蛙腿痉挛的研究成果发表，这个新奇的发现，引得科学界大为震惊。

电池的原理及发展

电池的原理

电池（battery）指盛有电解质溶液和金属电极以产生电流的杯、槽或其他容器或复合容器的部分空间。随着科技的进步，电池泛指能产生电能的小型装置，如太阳能电池。电池的性能参数主要有电动势、容量、比能量和电阻。

在化学电池中，化学能直接转变为电能是靠电池内部自发进行氧化、还原等化学反应的结果，这些反应分别在正、负两个电极上进行。负极由电负

◆伽伐尼

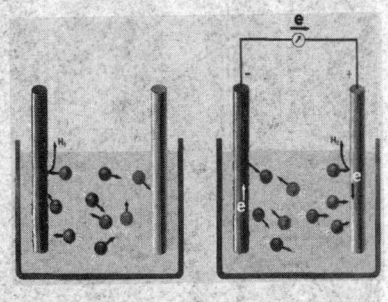
◆电池原理

81

谁来保护我们的家园

性较小并在电解质中稳定的还原剂组成，如锌、镉、铅等活泼金属和氢或碳氢化合物等。正极由电位较正并在电解质中稳定的物质组成，如二氧化锰、二氧化铅、氧化镍等金属氧化物，氧或空气，卤素及其盐类，含氧酸及其盐类等。电极一般不参与电池反应。

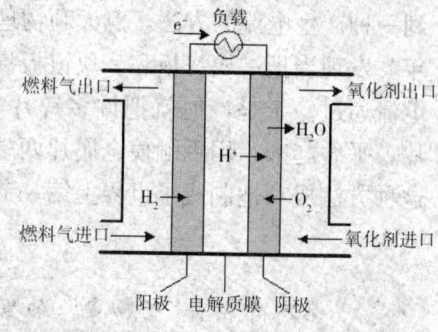

◆燃料电池中的化学原理

电池产品可分一次干电池（普通干电池）、二次干电池（可充电电池，主要用于移动电话、计算机）、铅酸蓄电池（主要用于汽车）三大类。

电池的发展

太阳能电池是电池发展的方向。其是通过光电效应或者光化学效应直接把光能转化成电能的装置。以

◆太阳能路灯

◆太阳能电池

光电效应工作的薄膜式太阳能电池为主流，而以光化学效应工作的湿式太阳能电池则还处于萌芽阶段。

太阳能电池的应用已从军事领域、航天领域进入工业、商业、农业、通信、家用电器以及公用设施等部门，尤其可以分散地在边远地

区、高山、沙漠、海岛和农村使用,以节省造价很高的输电线路。

太阳能路灯是一种利用太阳能作为能源的路灯,因其具有不受供电影响、不用开沟埋线、不消耗常规电能,只要阳光充足就可以就地安装等特点,因此受到人们的广泛关注,又因其不污染环境,而被称为绿色环保产品。太阳能灯既可用于城镇公园、道路、草坪的照明,又可用于人口分布密度较小,交通不便经济不发达、缺乏常规燃料、难以用常规能源发电,但太阳能资源丰富的地区,以解决这些地区人们的家用照明问题。

废旧电池的危害

民用干电池是目前使用量最大、也是分布最分散的电池产品,国内年消费量80亿节。民用干电池主要有锌锰和碱性锌锰两大系列,还有少量的锌银、锂电池等品种。锌锰电池、碱性锌锰电池、锌银电池一般都使用汞或汞的化合物作缓蚀剂,汞和汞的化合物是剧毒物质。废旧电池被遗弃后,电池的外壳会被慢慢腐蚀,其中的重金属物质会逐渐渗入水体和土壤中,造成污染。重金属污染的最大特点是它在自然界的生态循环中是不可降解的。

◆民用干电池

废旧电池的危害主要就集中在其中所含的少量的重金属上,具体表现为:

锰:过量的锰蓄积于体内可引起神经性功能障碍,早期表现为综合性功能紊乱。较重者出现两腿发沉、语言单调、表情呆板、感情冷漠,常伴有精神症状。

◆锰矿石

锌:锌的盐类能使蛋白质沉淀,过量接触对皮肤黏膜有刺激作用。过

 谁来保护我们的家园

量吸收锌，会使患消化道癌症的风险增大。当在水中浓度超过 10～50 毫克/升时有致癌危险，可能引起化学性肺炎。

镍：镍粉溶解于血液，参加体内循环，有较强的毒性，能损害中枢神经，引起血管变异，严重者导致癌症。

 万花筒

镍元素

镍，元素符号 Ni，为近似银白色、硬而有延展性并具有铁磁性的金属元素，它能够高度磨光和抗腐蚀，主要用于合金（如镍钢和镍银）及用作催化剂。

铅：铅主要作用于神经系统、活血系统、消化系统和肝、肾等器官，能抑制血红蛋白的合成代谢过程，还能直接作用于成熟红细胞，对婴幼儿影响甚大，它将导致儿童骨骼发育迟缓，慢性铅中毒可导致儿童的智力低下。

汞：它在这些重金属污染物中是最值得一提的，汞对人类的危害确实不浅。长期以来，我国在生产干电池时，要加入一种有毒的物质——汞或汞的化合物，我国的碱性干电池中汞的含量达到 1％～5％，中性干电池为 0.025％，汞具有明显的神经毒性，此外对内分泌系统、免疫系统等也有不良影响。1953 年，发生在日本九州岛的震惊世界的水俣病事件，给人类敲响了汞污染的警钟。

 万花筒

汞元素

汞，元素符号 Hg，俗称水银，在各种金属中，汞的熔点是最低的，只有 −38.87℃，沸点 356.6℃，是唯一在常温下呈液态并易流动的金属。汞是银白色液体金属。内聚力很强，在空气中稳定。蒸气有剧毒。它的化学符号来源于拉丁文，原意是"液态银"。

黯然失色的美好生活——生活中的污染源

 友情提醒——废旧干电池的危害

一节7号电池可污染60万升水，等于一个人一生的饮水量。一节电池烂在地里，能够使一平方米的土地失去利用价值。在水资源和土地资源严重缺乏的今天，把一节节废旧电池说成是"污染小炸弹"一点也不过分。

谁来保护我们的家园

残留杀虫剂的危害——农药污染

◆喷洒农药

1882年，法国植物学家米亚尔代发现硫酸铜和石灰的混合液（即波尔多液）能有效地减轻甚至免除葡萄霜霉病的危害，及时拯救了酿酒业，米亚尔代因此被赞扬为民族英雄。米亚尔代经研究后于1885年发表了波尔多液的配制方法，有效地控制了该病的流行，而且发现这种铜制剂还可防治马铃薯晚疫病和多种重要的植物病害。它遂成为其后半个多世纪世界上最广泛使用的铜素杀菌剂。

农药产品经过一百多年的发展，它的好处和危害我们大家都多多少少听到一些，下面就让我们去深入了解一下……

农药的定义及分类

农药是指在农业生产中，为保障、促进植物和农作物的成长，所施用的杀虫、杀菌、杀灭有害动物（或杂草）的一类药物的统称。特指在农业上用于防治病虫以及调节植物生长、除草的药剂。

根据原料来源，农药可分为有机农药、无机农药、植物性农药、微生物农药。此外，还有昆虫激素。根据加工剂型还可分为粉剂、可湿性粉剂、可溶性粉剂、乳剂、乳油、浓乳剂、乳膏、糊剂、胶体剂、熏烟剂、熏蒸剂、烟雾剂、油剂、颗粒剂、微粒剂等。大多数农药是液体或固体，少数是气体。

黯然失色的美好生活——生活中的污染源

农药的使用

施农药是农业生产上一种很重要的补救措施，也就是说，如果预防工作做得不好（其实就算预防工作很好，作物也会得病或者生点虫子的），一旦发病，影响农作物的顺利生长，只能利用化学药剂防治，尽快减少损失。

无机农药

无机农药是由天然矿物原料加工制成的农药。主要有砷酸钙、砷酸铅、磷化铝、石灰硫黄合剂、硫酸铜、波尔多液等。它们的有效成分都是无机化学物质。这一类农药作用比较单一，品种少，药效低，且易发生药害，所以目前绝大多数品种已被有机合成农药所代替，但波尔多液、石灰硫磺合剂等仍在广泛应用。由于这类农药易溶于水，因此容易使作物发生病害。

砷酸铅和砷酸钙

砷酸铅，白色固体，密度7.80克/立方厘米，其不纯的工业品呈粉色，微溶于水，溶于硝酸。剧毒！可由砷酸钠与可溶性铅盐制得。

砷酸钙，白色固体，其工业品由于含有杂质而呈红色，密度3.62克/立方厘米，难溶于水，溶于稀酸。有毒！

有机农药

有机农药是指属于有机化合物品种的农药的总称，是以有机氯、有机磷、有机氟、有机硫、有机铜等化合物为有效成分的一类农药。这类农药有杀虫剂、杀菌剂、杀螨剂、除草剂、杀线虫剂及杀鼠剂，例如敌百虫、对硫磷等，是使用最多的一类农药。

# 谁来保护我们的家园

植物性农药

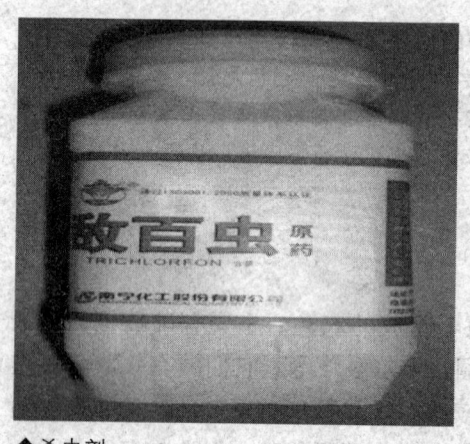

◆杀虫剂

植物性农药属生物农药范畴内的一个分支。它指利用植物所含的稳定的有效成分，按一定的方法对受体植物进行使用后，使其免遭或减轻病、虫、杂草等有害生物危害的植物源制剂。各种植物性农药通常不是单一的一种化合物，而是植物有机体的全部或一部分有机物质，成分复杂多变，但一般都包含在生物碱、糖苷、有毒蛋白质、挥发性香精油、单宁、树脂、有机酸、酯、酮、萜等各类物质中。从广义上讲，富含这些高生理活性物质的植物均有可能被加工成农药制剂，其数量和物质类别丰富，是目前国内外备受人们重视的第三代农药的药源之一。

植物性农药是非人工化学结构的天然化学物质，一般在自然界中由天然的微生物类群对其进行自然分解，在保护生态平衡方面大大优于化学农药，特别是在无公害农产品的生产和保证农业的可持续发展中扮演着重要角色。

小博士

由于植物性农药物质性质的特殊性，有害生物难以对其产生抗药性。另外，相对于化学农药来说植物性农药对受体植物更不容易造成药害，而且也容易与环境中其他生物相协调。

黯然失色的美好生活——生活中的污染源

农药残留对人体的危害

农药残留危害极大。水果、蔬菜农药残留已对消费者的身体健康构成严重威胁。据专家介绍，农药造成的中毒可分为急、慢性两种，急性中毒在24小时内就可表现出中毒症状，主要表现为肌肉痉挛、恶心、呕吐、腹泻、视力减退以及呼吸困难等。据了解，全国每年有数万人因农药中毒，死亡达数千人，其中大部分中毒者是由蔬菜中的过量残留农药引发的。慢性农药中毒一般不易被发觉，因为农药在体内有一个积蓄的过程，即使表现出中毒症状，由于某些症状与一般头疼、疲倦相似，常被人们忽视，一旦发现为时已晚。

◆农药中毒

人体摄入的硝酸盐中有81.2%来自受污染的蔬菜，而硝酸盐是国内外公认的三大致癌物亚硝胺的前体物。长期食用受污染的蔬菜，是导致癌症、动脉硬化、心血管病、胎儿畸形、死胎、早夭、早衰等疾病的重要原因（绝大多数人食用有害蔬菜后并不马上表现出症状，毒物在人体中富集，时间长了便会酿成严重后果）。

◆蔬菜水果

领先一步学科学 系列

谁来保护我们的家园

 小博士

实验证实，农药对人体有致畸、致癌作用，有关流行病学调查显示：恶性肿瘤的发病率逐年上升，与蔬菜中的农药残留不无关系，农药残留作为毒性物质足以改变遗传基因，导致胎儿畸形，这远比烟酒的危害大得多，目前我国胎儿的畸形率仍在3‰至5‰左右。

农药残留对环境的危害

绝大多数农药是无选择地杀伤各种生物的，其中包括对人们有益的生物，如青蛙、蜜蜂、鸟类和蚯蚓等。这些益虫、益鸟的减少或灭绝，实际上减少了害虫的天敌，会导致害虫数量的增加，而影响农业生产。

 小知识

为了除虫，向油菜上喷洒三唑磷，以致死亡；喷洒农药的方式不当，中毒而死亡的蜜蜂的死亡率高达72%。蜜蜂吸了沾染农药的花粉也就中了毒，更加剧了蜜蜂的大量死亡。因农药蜂蜜体内因此也有有机磷农药残留。

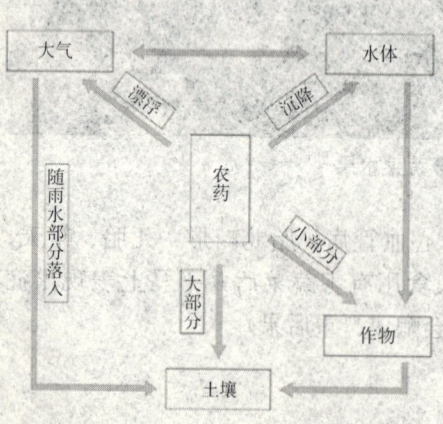

◆ 农药循环

施用于作物上的农药，其中一部分附着于作物上，一部分散落在土壤、大气和水体中，环境残存的农药中又有一部分会被植物吸收。残留农药直接通过植物果实或水、大气到达人、畜体内，或通过环境、食物链最终传递给人、畜。

流失到环境中的农药通过蒸发、蒸腾，飘到大气之中，飘动的农药又被空气中的尘埃吸附住，并随风扩散，造成大气环境的污染。

黯然失色的美好生活——生活中的污染源

大气中的农药还可通过降雨流入到水里，从而造成水环境的污染，对人、畜，特别是水生生物（如鱼、虾）造成危害。同时，流失到土壤中的农药，也会造成土壤板结。

长时间使用同一种农药，最终会增强病菌、害虫的抗药性，以致对同种病菌、害虫的防治不得不断加大农药的用药量，否则不能达到消灭病菌、害虫的目的，形成恶性循环。

农药对水体的污染也是很普遍的。全世界共生产了约150万吨DDT，其中有100万吨左右仍残留在海水中。英美等发达国家中几乎所有河流都被有机氯杀虫剂污染了。据报道，伦敦雨水中含DDT70～400毫克/吨。

 小知识

整个自然界是相互联系的，益虫吃了含有农药的害虫后，会造成急性或慢性中毒。最主要的是农药影响生物的生殖能力，如很多鸟类和家禽由于受到农药的污染，产蛋的重量减轻，蛋壳变薄，容易破碎。许多野生生物的灭绝与农药的污染有直接关系。

 友情提醒——农药污染不可小觑

◆企鹅

谁来保护我们的家园

农药微粒和蒸气散发到空中,随风飘移,污染全球。据世界卫生组织报告,伦敦上空 1 吨空气中约含 10 微克 DDT。其原因除了化学稳定性和物理扩散性外,DDT 还具有独特的流动性;它能随水汽共同蒸发到处流传,使整个生物圈都受到污染。

据美国环保局报告,美国许多公用和农村家用水井里至少含有国家追查的 127 种农药中的一种。印第安纳大学对从赤道到高纬度寒冷地区 90 个地点采集的树皮进行分析,都检出 DDT、林丹、艾氏剂等农药残留。曾被视为"环境净土"的地球两极,由于大气环流、海洋洋流及生物富集等综合作用,在格陵兰冰层、南极企鹅体内,均已检测出 DDT 等农药残留。

黯然失色的美好生活——生活中的污染源

病原集中地——生活垃圾堆

作为社会的人，我们都离不开衣食住行，这也是我们维持正常生活所必需的。我们是社会的人，不是孤立的群体，我们的生活处处都与自然环境联系着。环境不仅为我们提供衣食住行的原材料，它还是我们的保护神。为我们遮挡太阳的紫外线，以免伤到我们的皮肤；还为我们净化空气，维持我们身体健康。

◆自然环境

可随着人口的增多，人类排污也是突飞猛进地增长，我们是不是该扪心自问，自然环境还能承受得了吗……

生活垃圾简介

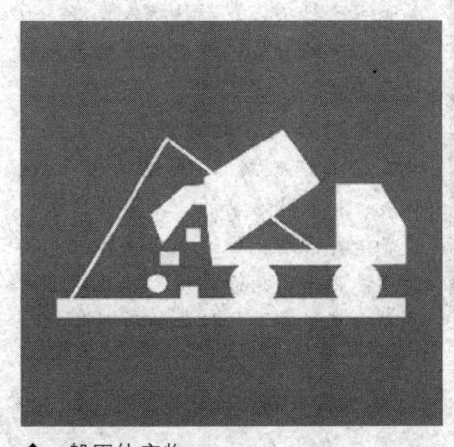

◆一般固体废物

生活垃圾，是指在日常生活中或者为日常生活提供服务的活动中产生的固体废物以及法律、行政法规规定视为生活垃圾的固体废物。

生活垃圾一般可分为四大类：可回收垃圾、厨房垃圾、有害垃圾和其他垃圾。目前常用的垃圾处理方法主要有综合利用、卫生填埋、焚烧和堆肥。

可回收垃圾包括纸类、金属、塑料、玻璃等，通过综合处理回收

"领先一步学科学"系列

 谁来保护我们的家园

利用，可以减少污染，节省资源。如每回收 1 吨废纸可造好纸 850 千克，节省木材 300 千克，比等量生产减少污染 74%；每回收 1 吨塑料饮料瓶可获得 0.7 吨二级原料；每回收 1 吨废钢铁可炼好钢 0.9 吨，比用矿石冶炼节约成本 47%，减少空气污染 75%，减少 97% 的水污染和固体废物。

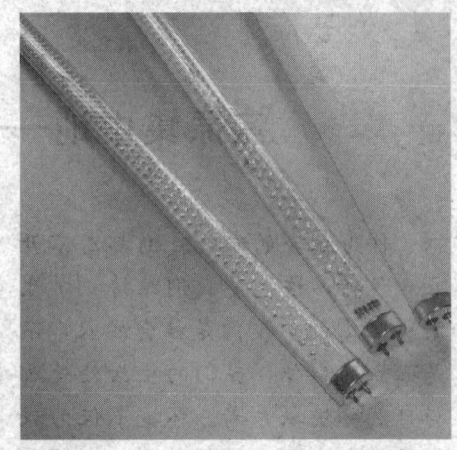
◆日光灯管

厨房垃圾包括剩菜剩饭、骨头、菜根菜叶等食品类废物，经生物技术就地处理堆肥，每吨可生产 0.3 吨有机肥料。

有害垃圾包括废电池、废日光灯管、废水银温度计、过期药品等，这些垃圾需要经过特殊安全处理。

 知识库——医疗器械

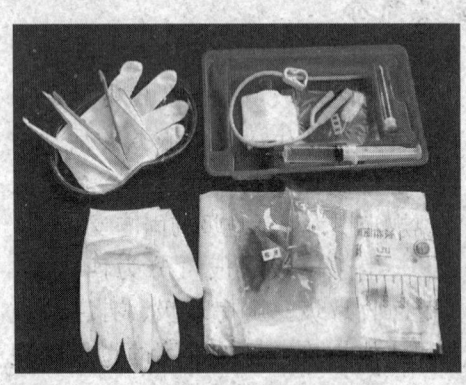
◆医疗器械

使用后的一次性医疗器械，不论是否剪除针头，是否被病人体液、血液、排泄物污染，均应作为医疗废物进行管理。

使用后的各种玻璃（一次性塑料）输液瓶（袋），未被病人血液、体液、排泄物污染的，不必按照医疗废物进行管理，但这类废物回收利用时不能用于原用途，用于其他用途时应符合不危害人体健康的原则。

黯然失色的美好生活——生活中的污染源

生活垃圾的危害

第一、占地多。堆放在城市郊区的垃圾，侵占了大量农田。

第二、污染空气。垃圾是一种成分复杂的混合物。在运输和露天堆放过程中，有机物分解产生恶臭，并向大气释放大量的氨、硫化物等污染物，其中含有机挥发性气体达100种，这些释放物中含有许多致癌、致畸物。塑料膜、纸屑和粉尘则随风飞扬，形成"白色污染"。

◆生活垃圾侵占道路

第三、污染水体。垃圾中的有害成分易经雨水冲入地面水体，在垃圾堆放或填坑过程中还会产生大量的酸性和碱性物质，同时将垃圾中的重金属溶解出来。如直接弃入河流、湖泊或海洋中，则会引起更严重的污染。

第四、火灾隐患。垃圾中含有大量可燃物，在自然堆放过程

◆垃圾堆突然着火

中会产生甲烷等可燃气，当遇明火或自燃易引起火灾、垃圾爆炸事故，造成重大损失。

第五、有害生物的巢穴。垃圾不但含有病原微生物，而且能为老鼠、鸟类及蚊蝇提供食物、栖息和繁殖场所，也是传染疾病的根源。

谁来保护我们的家园

  小知识

垃圾的"年龄"

垃圾在自然界停留的时间很长：烟头、羊毛织物 1~5 年；橘子皮 2 年；易拉罐 80~100 年；塑料 100~200 年；玻璃 1000 年。

可怕的生活垃圾

◆到处堆放的垃圾

◆农村的生活垃圾

没有工业的农村也会出现严重污染，那就是生活垃圾污染。过去从不到 10 米深的地下打水，就可以吃到甘甜的地下水，可由于污染，现在必须打到 40 米左右深，因为 30 多米的地下水也有遭污染的迹象。过去买菜用竹篮子，酒杯茶杯都是瓷的或玻璃制的，所造成的生活垃圾都是无毒的，最终也都变成了肥料。但是，近年来，塑料制品尤其是一次性塑料制品在农村流行，大量一次性茶杯、酒杯、塑料袋及精美包装盒进入到每一个家庭，生活方式的改变产生了大量有毒垃圾。而农村没有垃圾处理设施，所有的有毒垃圾都被随手丢弃，更多的垃圾被倾倒在了水塘、小河中。

黯然失色的美好生活——生活中的污染源

剧毒的有机物气体——装修污染

传说宙斯创造了潘多拉，并将这位美丽的潘多拉遣送到人间。大家见了这无以伦比的漂亮女子都十分惊奇，称羡不已，因为人间从未有过这样的女人。

潘多拉立即找到"后觉者"厄庇墨透斯，他是普罗米修斯的弟弟，为人老实厚道。他娶了美丽的潘多拉。潘多拉双手捧着她的礼物，这是一只密封的大礼盒。

◆美丽的装修

她刚走到厄庇墨透斯近前时，突然打开了盒盖。厄庇墨透斯还未来得及看清盒内装的是什么礼物，一股祸害人间的黑色烟雾从盒中迅疾飞出，犹如乌云一般弥漫了天空，黑色烟雾中尽是疾病、疯癫、灾难、罪恶、嫉妒、奸淫、偷窃、贪婪等各种各样的祸害，这些祸害飞速地散落到大地上。后来即以"潘多拉魔盒"比喻会带来不幸的礼物，灾难的渊薮。

今天，一件件装修后发生的不幸事件见诸报端，这难道不是"潘多拉的盒子"的重演吗？

为什么要装修？

随着社会的进步，人民生活水平的提高，人们对物质生活的追求越来越高，人们居住的房子，自然是追求的一个热点。很多人为了获得满意的效果，装修过程中亲力亲为，不仅在装修设计施工期间，还包括住进去之后的不断改进。

新装修的房子引起的病症主要有：心动过速综合症，新买的家具气味难闻，使人难以接受，并引发身体各种疾病；类烟民综合症，虽然不吸烟，也很少接触吸烟环境，但是经常感到嗓子不舒服，有异物感，呼吸不畅；幼童综合症，家里小孩常咳嗽、打喷嚏、免疫力下降，房子新装修后

 谁来保护我们的家园

孩子不愿意回家；群发性皮肤病综合症，家人常有皮肤过敏等毛病，而且是群发性的；家庭群发疾病综合症，家人共有一种疾病，而且离开这个环境后，症状就有明显减轻和好转；不孕综合症，新婚夫妇长时间不怀孕，查不出原因。

◆家具

 小知识

装修是把生活的各种情形"物化"到房间之中，购房时房间的基本格局业已完成，不能做大的调整了，所以剩下可以发挥创意的就是装修装点（大的装修概念包括房间设计、装修、家具布置、富有情趣的小装点）。

装修后的危害

装修污染的来源很多，其中有相当一部分是由于装修过程中所使用的材料不当造成的，包括甲醛、苯、二甲苯等挥发性有机物气体。因此在装修过程中应尽量选择有机污染物含量比较少的材料。

甲醛：主要来源是夹板、大芯板、中密度板和刨花板等人造板及其制造的家具、塑料壁纸、地毯等大量使用粘合剂

◆装修后的危害

的环节。可引起恶心、呕吐、咳嗽、胸闷、哮喘甚至肺气肿；长期接触低

黯然失色的美好生活——生活中的污染源

剂量甲醛可以引起慢性呼吸道疾病、女性月经紊乱等综合症，引起新生儿体质下降、染色体异常，引起少年儿童智力下降；致癌促癌。

苯及苯系物：来源是合成纤维、油漆、各种油漆涂料的添加剂、各种溶剂型胶粘剂、防水材料。致癌物质，轻度中毒会造成嗜睡、头痛、头晕、恶心、胸部紧束感等，并可伴有轻度黏膜刺激症状，重度中毒可出现视物模糊、呼吸浅而快、心律不齐、抽搐和昏迷。

氨：主要来源是少量建筑施工中使用的不规范混凝土抗冻添加剂引起，以及卫生间产生的刺激气味。短时间内吸入大量氨气后会出现流泪、咽痛、声音嘶哑、咳嗽、痰可带血丝、胸闷、呼吸困难，还可伴有头痛、恶心、呕吐、乏力等，严重时可发生肺气肿、成人呼吸窘迫综合症。

TVOC：主要来源为人造板、泡沫、塑料、油漆、涂料及油漆粘合剂、地毯、化妆品、洗涤剂、工业废气、化学污染物等挥发性有机物。容易进入人体呼吸系统，逐步破坏肺部细胞组织，形成体内辐射，是继吸烟外的第二大诱发肺癌的因素。

 小知识

新装修的房子里一般甲醛都会超标，只要在新房里放上一两盆吊兰，甲醛就会被部分吸收，但是由于甲醛的挥发时间长达3～15年，所以单纯依靠植物来清除甲醛是不行的，必要时可以考虑专业的空气治理机构或产品。

 知识库——氮和TVOC

氮，相对原子量为14.006747，元素符号为N。元素名来源于希腊文，原意是"硝石"。氮气为无色、无味的气体，熔点-209.86℃，沸点-195.8℃，气体密度1.25046克/升，临界温度-146.95℃，临界压力33.54大气压。

TVOC是挥发性有机化合物的总称，是英文 total volatile organic compound 的缩写。TVOC是指室温下饱和蒸气压超过133.32pa的有机物，其沸点在50℃至250℃之间，在常温下可以蒸发的形式存在于空气中，它的毒性、刺激性、致癌性和特殊的气味性，会影响皮肤和黏膜，对人体产生急性损害。美国环境署

99

谁来保护我们的家园

(EPA) 对 TVOC 的定义是：除了二氧化碳、碳酸、金属碳化物、碳酸盐等一些参与大气中光化学反应之外的含碳化合物。

要防止 TVOC 的伤害，主要得从源头抓起，杜绝非环保建材；其次，常通风换气，甚至加热烘烤，使 TVOC 释放加快；第三，放置竹炭活性炭或安装有活性炭的空气净化器；第四，装修后最好经检测确认 TVOC 不超标，并通风一个月后入住；第五，摆放些能吸收有害物质的花卉，例如吊兰、芦荟、虎尾兰、常青藤和天门冬等。

◆液氮罐

◆吊兰（1）　芦荟（2）　虎尾兰（3）　常青藤（4）

黯然失色的美好生活——生活中的污染源

高分贝的健康杀手——交通噪声

◆交通重要性。

交通的发展缩短了地域之间的差距，拉近了人们之间的感情。现在逛街购物，走亲访友那可是方便。我们不得不感谢交通发展带来的便利。

交通的发展促进了世界物质文明的发展，也带动了各地经济的飞速发展。不是还流行着这样一句话吗，"要致富先修路"，这也印证了交通的

一条条马路修起来了，一条条铁轨铺起来了，一座座高架桥架起来了……四通八达的交通轨道，再加上川流不息的车辆，一片繁荣的景象。

你在享受发达的交通网给你带来的方便时，你可能也在承载着它带来的污染……

交通噪声的由来

交通噪声主要是指机动车辆在市内交通干线上运行时所产生的噪声。此外还包括飞机、火车、汽车等其他交通运输工具在飞行和行驶中所产生的噪声。常见的交通噪声问题有机场噪声、铁路交通噪声、船舶噪声等噪声问题。

交通噪声的来源主要是机动车发动机壳体的振动噪声、进气声、排气

◆飞机场

谁来保护我们的家园

◆城市中的交通

声、喇叭声以及轮胎与路面之间形成的噪声。机动车在低速运行时，以发动机壳体的振动噪声为主；在高速运行时，轮胎噪声就上升为主要噪声（测量结果表明，车速为每小时 50～100 千米时，在距离交通干线中心 15 米处，拖拉机噪声为 85～95 分贝，重型卡车为 80～90 分贝，中型或轻型卡车为 70～85 分贝，摩托车为 75～85 分贝，小客车为 65～75 分贝。车速加倍，交通噪声平均增加 7～9 分贝）。

汽车给世界带来了现代物质文明，但同时也带来了环境噪声污染等社会问题。随着城市机动车辆数目增长，交通干线迅速发展，交通噪声逐渐成为城市的主要噪声。交通噪声对人的健康影响很大，我们应该尽量减少交通噪声。

 万花筒

分贝

分贝（decibel）简写为 dB，是以美国发明家亚历山大·格雷厄姆·贝尔命名的，他因发明电话而闻名于世。因为贝尔的单位太粗略而不能充分用来描述我们对声音的感觉，因此前面加了"分"字，代表十分之一，一贝尔等于十分贝。

噪声的危害

噪声的危害是多方面的，噪声不仅对人们正常生活和工作造成极大干扰，影响人们交谈、思考，影响人的睡眠，使人产生烦躁、反应迟钝、工作效率降低、注意力分散、引起工作事故，更严重的情况是噪声可使人的听力和健康受到损害。

许多调查表明，强噪声环境越来越成为人们健康的"杀手"，会引起

黯然失色的美好生活——生活中的污染源

人体生理机能产生不良反应。如强噪声环境会引起人体的紧张反应，使肾上腺素分泌增加，心率加快，血压升高；同时还会引起消化系统的疾病。

大量统计资料表明：噪声级在80分贝以下，方能保证人们长期工作、生活不致耳聋；在90分贝以下，只能保证80%的人40年内不会耳聋；即使是85分贝，仍会使10%的人可能产生噪声性耳聋。我们都有这样的经验，从飞机里下来或从锻压车间出来，耳朵总是"嗡嗡"作响，甚至听不清对方说话的声音，过一会儿才会恢复。这种现象叫做听觉疲劳，是人体听觉器官对外界环境的一种保护性反应。如果人长时间遭受强烈噪声作用，听力就会减弱，进而导致听觉器官的器质性损伤，造成听力下降。

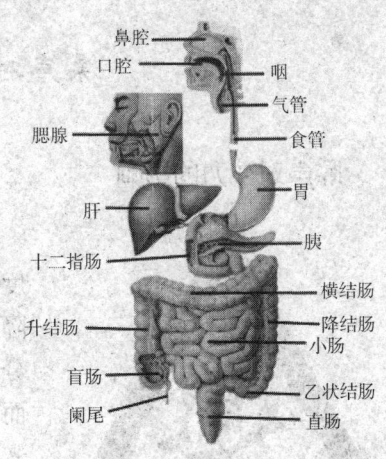

◆人体的消化系统

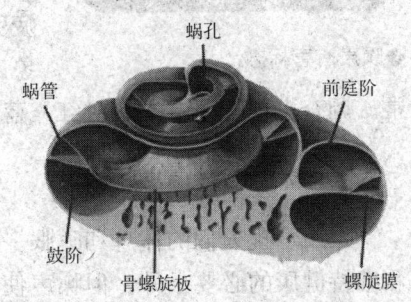

◆耳蜗

 小知识

通过做人和动物的实验，科学家发现在80分贝左右的环境中，肠蠕动要减少37%，随之是胀气和胃肠不适；在神经系统方面，它会造成失眠、记忆力下降，诱发神经衰弱症。

谁来保护我们的家园

噪声对人体的危害

噪声对视力的影响

◆噪声有害标志

噪声也会影响我们的视力。当噪声强度达到90分贝时,人的视觉细胞敏感性下降,识别弱光反应时间延长;噪声达到95分贝时,有40%的人瞳孔放大,视模糊;而噪声达到115分贝时,多数人的眼球对光亮度的适应都有不同程度的减弱。所以长时间处于噪声环境中的人很容易发生眼疲劳、眼痛、眼花和视物流泪等眼损伤现象。同时,噪声还会使色觉、视野发生异常。调查发现噪声会使人对红、蓝、白三色视野缩小80%。

噪声对睡眠的影响

噪声干扰人们的休息和睡眠。休息和睡眠是人们消除疲劳、恢复体力和维持健康的必要条件。但噪声使人不得安宁,难以休息和入睡。当人辗转不能入睡时,便会心态紧张,呼吸急促,脉搏跳动加剧,大脑兴奋不止,第二天就会感到疲倦,或四肢无力,从而影响到工作和学习,久而久之,就会得神经衰弱症,具体表现为失眠、耳鸣、疲劳。

 万花筒

噪声影响人的休息

人进入睡眠之后,即使是40～50分贝这样较轻的噪声干扰,也会使人从熟睡状态变成半熟睡状态。人在熟睡状态时,大脑活动是缓慢而有规律的,能够得到充分的休息;而半熟睡状态时,大脑仍处于紧张、活跃的阶段,这就会使人得不到充分的休息和体力的恢复。

黯然失色的美好生活——生活中的污染源

噪声对中枢神经的影响

噪声是一种恶性刺激物,长期作用于人的中枢神经系统,可使大脑皮层的兴奋和抑制失调,条件反射异常,出现头晕、头痛、耳鸣、多梦、失眠、心慌、记忆力减退、注意力不集中等症状,严重者可产生精神错乱。对这种症状使用药物治疗的疗效很差,但当脱离噪声环境时,症状就会明显好转。噪声可引起植物神经系统功能紊乱,表现为血压升高或降低,心率改变,心脏病加剧。噪声会使人唾液、胃液分泌减少,胃酸降低,胃蠕动减弱,食欲不振,引起胃溃疡。

 小博士

噪声对儿童的智力发育也有不利影响,据调查,三岁前儿童生活在75分贝的噪声环境里,他们的心脑功能发育都会受到不同程度的损害。在噪声环境下生活的儿童,智力发育水平要比安静环境条件下生活的儿童低20%。

 小知识

噪声对人的心理影响主要是使人烦躁、激动、易怒,甚至失去理智。此外,噪声还对动物、建筑物有损害,在噪声下植物也生长不好,有的甚至死亡。

噪声对司机的影响

汽车噪声对车内环境也是有害的。枯燥无味又强烈的噪声会引起驾驶员及乘客心情烦躁,注意力分散,心绪不安,头昏脑胀;甚至会像催眠曲一样使人疲劳困倦、打盹。研究资料表明:高震动和高噪声易使司机疲劳,思维紊乱和注意力分散,从而引

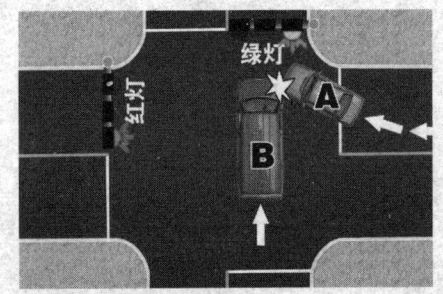

◆交通事故

谁来保护我们的家园

发各种交通事故。

友情提醒——噪声对女性的危害

◆孕妇

女性受噪声威胁更大，可能会导致女性性机能紊乱，月经失调，流产率增加等。专家们曾在哈尔滨、北京和长春等7个地区经过为期3年的系统调查，结果发现噪声不仅能使女工患噪声聋，且对女工的月经和生育均有不良影响。另外可导致孕妇流产、早产，甚至可致畸胎。国外曾对某个地区的孕妇普遍发生流产和早产作了调查，结果发现她们居住在一个飞机场的周围，祸首正是那飞起降落的飞机所产生的巨大噪声。

黯然失色的美好生活——生活中的污染源

手机污染——身边的健康杀手

◆手机

手机的发明结束了"通信基本靠吼"的时代。手机的发展不只代表着科技的进步，也证明了人类文明的发展。

从模拟到 GSM（1982 年欧洲成立的移动通信特别组）、从 GSM 到 GPRS 等等，每样新技术的发明都对手机的发展起着很大的推动力。

手机现已成为我们现代生活不可或缺的生活物品，近几年中国的手机用户持续增长，2010 年全国手机用户超过 7 亿，中国是使用手机人数最多的国家。

手机已走入千家万户，下面我们就去走进手机生活……

手机发展史

第一代手机

第一代手机（1G）是指模拟的移动电话，也就是在 20 世纪 80～90 年代香港美国等影视作品中出现的"大哥大"。最先研制出大哥大的是美国摩托罗拉公司的马丁·库珀博士。由于当时的电池容量限制和模拟调制技术需要硕大的天线和集成电路的发展状况等等制约，这种手机外表四四方方，只能称为可移动，但算不上便携。很多人称呼这种手机为"砖头"或是"黑金刚"等。

第一代手机基本上使用频分复用方式，只能进行语音

◆第一代手机

107

 谁来保护我们的家园

通信，收信效果不稳定，且保密性不足，无线带宽利用不充分。此种手机类似于简单的无线电双工电台，通话是锁定在一定频率上，所以使用可调频电台就可以窃听通话。

20世纪80年代末移动通信开始进入中国市场，俗称"大砖头"的摩托罗拉8900打入中国市场，这可是中国第一代手机新贵，当时的价格可不菲，只有少数人才会拥有，中国人称其为"大哥大"。虽然其貌不扬，但千万别小瞧它哦，它可是第一代手机呀。

第二代手机

第二代手机（2G）也是最常见的手机。通常这些手机使用PHS、GSM或者CDMA这些十分成熟的标准，具有稳定的通话质量和合适的待机时间。在第二代中为了适应数据通信的需求，一些中间标准也在手机上得到支持，例如支持彩信业务的GPRS和上网业务的WAP服务，以及各式各样的Java程序等。

◆第二代手机

第三代手机

3G，是英文3rd Generation的缩写，指第三代移动通信技术。相对第一代模拟制式手机（1G）和第二代GSM、CDMA等数字手机（2G），第三代手机一般地讲，是指将无线通信与因特网等多媒体通信结合的新一代移动通信系统。它能够处理图像、音乐、视频流等多种媒体形式，提供包括网页浏览、电话会议、电子商务等多种信息服务。为了提供这种服务，无线网络必须能够支持不同的数据传输速度。

◆3G手机

手机辐射

当人们使用手机时，手机会向发射基站传送无线电波，而无线电波或

黯然失色的美好生活——生活中的污染源

多或少地会被人体吸收，这些电波就是手机辐射。一般来说，手机待机时辐射较小，通话时辐射大一些，而在手机号码已经拨出而尚未接通时，辐射最大，辐射量是待机时的3倍左右。这些辐射有可能改变人体组织，对人体健康造成不利影响。

我们大家应当养成别将手机放在枕头边的习惯，据专家介绍，手机辐射对人的头部危害较大，它会对人的中枢神经系统造成机能性损伤，引起头痛、头昏、失眠、多梦和脱发等症状，有的人面部还会有刺痛感。

 小知识

美国马里兰州一名患脑癌的男子认为使用手机使他患上了癌症，于是对手机制造商提起了诉讼。欧洲防癌杂志所发表的一篇研究报告也指出，长期使用手机的人患脑瘤的几率比不用的人高出30%。使用手机超过10年的人患脑瘤的几率比不使用手机的人高出80%。

小资料——手机辐射

手机的辐射主要来自天线，包括外置天线和内置天线。受到辐射的强度跟手机和人体的距离成反比，距离远一倍，辐射衰减十倍；距离缩短一倍，辐射强度增加十倍。从天线的位置看，外置天线的辐射比内置的要大。

在机型的选择上，直板机的天线离头部最近，所以它的辐射最大，翻盖机的天线离头部最远，所以辐射较小，滑盖机则介于两者之间。而手机的功能多少，则对辐射强度没有影响。

山寨手机更成了"辐射大户"。中国消费者协会消费指导部副主任张德志称，有些山寨手机原材料质量、结构设计、发射参数

◆手机辐射漫画

等都不合格，为了追求功利，在辐射方面超过了国家标准，有的甚至超标50

多倍。

手机的另一面

细菌的"住房"

研究人员表示,手机上爬满了致病细菌。每平方厘米"驻扎"的细菌部队竟有数万之众,超过一个门把手、一只鞋,甚至一个卫生间马桶等细菌"基地"。因此使用手机时要注意,通话期间或收发短信时不要一边按键一边取用食物,同时尽量不要把手机借给别人使用,避免病菌交叉感染;尽量减少手机与面部和口唇部位的接触,减少细菌侵害;最好每周都用蘸有医用酒精的棉签擦拭手机的键盘、屏幕和其他部位,或去手机客服部通过紫外线、臭氧等方式进行消毒。

◆手机上的细菌

手机更换

50%的用户在一到两年之间更换一次手机,而有近20%的用户在不到一年的时间里就更换一部手机。这就是当下中国人手机消费的真实写照。然而,一块手机电池含有的镉可以污染3个标准游泳池的水。而被随手当垃圾丢弃的废旧手机和电池,如果被填埋,里面含有的金、水银、铅、镉等重金属成分就会直接污染土壤及地下水,严重危害人体健康。而若被简单焚烧,其产生的气体还会污染空气。有医学专家指出,手机若常挂在人体的腰部或腹部旁,其收发信号时

◆废旧手机

黯然失色的美好生活——生活中的污染源

产生的电磁波将辐射到人体内的精子或卵子，这可能会影响使用者的生育机能。英国的实验报告指出，老鼠被手机微波辐射5分钟，就会产生DNA病变；人类的精、卵子长时间受到手机微波辐射，也有可能产生DNA病变。

谁来保护我们的家园

每天面对的电磁辐射——电脑污染

◆电脑

电脑的问世,不仅为计算带来了方便,而且还是查找资料的好帮手,尤其在因特网普及之后,这一功能是无可替代的。

网络带给人类的好处可谓数不胜数,网络的出现是现代社会进步,科技发展的标志。现代意义上的文盲不再是指那些不识字的人,而是不懂电脑脱离信息时代的人。在科学不发达的古代,人们曾幻想要足不出户,就知晓天下事,如今网络时代已将此幻想变为了现实。

在电脑普及速度越来越快的今天,我们有必要对电脑进行全面了解……

电脑的危害

金无足赤。电脑,作为一种现代高科技的产物和电器设备,在给人们的生活带来更多便利、高效与欢乐的同时,也存在着一些有害于人类健康的不利因素。

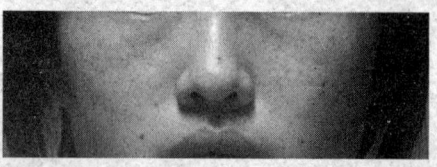

◆电脑斑

电脑主机、显示器、鼠标、键盘及周围的相关设备都会产生辐射,眼睛看不见,手摸不到。据科学研究表明:电脑产生的低频电磁辐射对人体造成的伤害是隐性的、积累的,人们经常(长期)在超强度的电脑低频电磁辐射环境中使用电脑,可导致头晕、头痛、脑涨、耳鸣、失眠、眼睛干

黯然失色的美好生活——生活中的污染源

◆密密麻麻的电脑

涩、视力下降、食欲不振、疲倦无力、记忆力减退、部分人脱发、白细胞减少、免疫力低下、白内障、白血病、脑癌、乳癌、血管扩张、血压异常、胸闷、心动过缓、心搏血量减少、窦性心率不齐、男性精子质量降低、女性经期紊乱、孕妇流产、死胎、胎儿畸形、生殖病变、遗传病变、癌症等可怕疾病。人在操作电脑后，脸上会吸附许多电磁辐射颗粒，经常遭辐射会出现脸部斑疹。一个人连续操作电脑工作五小时，电脑产生的低频辐射对人体的伤害，相当于一天的生命损失。

房间里电脑数量越多，摆放越密集，空气中的低频电磁辐射量越大，对人体的伤害越大。电脑显示器（屏）的背部辐射强度大大超过显示器（屏）正面的辐射强度。有些企事业单位使用电脑的工作岗位、学校电脑教室和一些网吧前后、左右近距离横排摆放电脑，前排人员背对着后排电脑显示器的背部，前后、左右近邻电脑，受到的伤害更大。即使在显示器上挂一个一般的"辐射防护网（板）"也只能阻挡来自显示器正面的一小部分辐射，不能解决根本问题。

 友情提醒——电脑辐射

不少人误认为，只要用"液晶显示器"更换掉电脑上的"普通"（玻璃）显示器，就可以完全消除电脑主机、显示器、鼠标、键盘及周围相关设备上的所有辐射。其实这根本不可能消除电脑整机中各部分的所有辐射，而仅仅是以高额投资减少了"显示器"上的局部辐射，但仍无法消除电脑主机、鼠标、键盘及周围相关设备上的电脑辐射照样伤人的难题。

◆液晶显示器

 谁来保护我们的家园

不被注意的电脑危害

电脑终端

电脑的终端是监视器,它的原理和电视机一样,当阴极射线管发射出的电子流撞击在荧光屏上时,即可转变成可见光,在这个过程中会产生对人体有害的 X 射线。而且在视频显示终端(VDT)周围还会产生低频电磁场,长期受电磁波辐射污染,容易导致青光眼、失明、白血病、乳腺癌等病症。

据不完全统计,常用电脑的人中感到眼睛疲劳的占 83%,肩酸腰痛的占 63.9%,头痛和食欲不振的则占 56.1% 和 54.4%,其他症状还包括自律神经失调、抑郁症、动脉硬化性精神病等等。国内报道称 VDT 作业人员出现视觉疲劳发病率高达 60%~62%。

小博士

VDT 是指计算机显示装置、监视器、电视机、游戏机等视频显示终端。长时间注视 VDT 易发生眼紧张、视物模糊、复视、眼痒、眼烧灼感,以及手、颈、肩、腰、脚疲劳酸痛,烦躁、注意力不集中等全身症状,但各项生理检测指标又都是正常的,称为 VDT 综合症。

电脑键盘

电脑键盘是细菌聚集地。曾经有一份报告指出电脑键盘比坐便器还脏,虽然有些夸张但键盘鼠标上面细菌密布是肯定的。应该没有人每次用电脑之前都洗手,手上的细菌也就自然到了键盘和鼠标上,而我们一般都不会对键盘进行清洗,这些细菌也就一直

◆键盘上的细菌

黯然失色的美好生活——生活中的污染源

在上面"安居乐业",没准哪天还会有些饼干屑、咖啡之类的洒到键盘里,这就成了细菌的美食。然后更多的细菌再通过键盘到了我们手上……如此循环,各种疾病就都随之而来了。

电脑病

现在有很多流行的电脑疾病,颈椎病就是其中之一。颈椎病是由于长时间不改变身体姿势尤其是颈部姿势,颈椎压力增大而造成。以往该病一般是在年龄很大时才可能会发病,但现在发病年龄已经越来越趋于年轻化,很多30岁左右的白领都有。心理疾病也是电脑一族容易患上的疾病。那些长期和电脑为

◆长期与电脑为伴

伴,不去正常接触社会,而是生活在网络这个虚拟社会里的人,再每天经受着前面提到的电脑辐射和噪音等影响,久而久之很容易导致心理疾病。

 **拓展思考**

1. 电脑有哪几部分组成?
2. 我们目前用的电脑是第几代?
3. 电脑危害都有哪些?
4. 是不是穿上防辐射衣服就不会遭到辐射的危害?

 谁来保护我们的家园

摩擦起电——静电的危害

物质都是由分子构成的，分子又是由原子组成的，原子中有带负电荷的电子、带正电荷的质子以及不带电的中子。一个原子的质子数与电子数数量相同，正负电荷相互抵消，所以对外表现出不带电的现象。

但摩擦会使物体带上静电，尤其是在干燥的冬季。有时去和同学打招呼，会"啪"的一声被静电"打"到。静电有时真的会困扰我们的生活。

我们要如何去防止或消除静电呢？接下来就让我们一起去探究……

◆静电

静电的由来

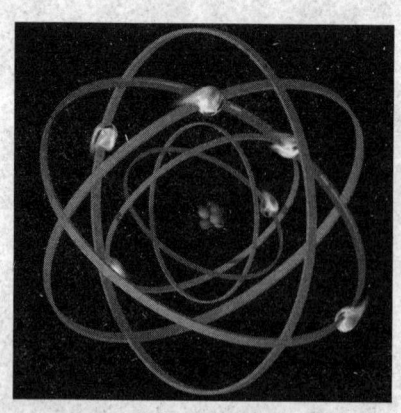
◆电子围绕原子核运动模拟图

电子环绕于原子核周围，一经外力即脱离轨道，离开原来的原子 A 而侵入其他的原子 B，A 原子因缺少电子而带有正电，称为阳离子；B 原子因增加电子而带上负电，称为阴离子。造成电子分布不平衡的原因即是电子受外力作用而脱离轨道，这个外力包含各种能量（如动能、位能、热能、化学能等）。在日常生活中，任何两个不同材质的物体接触后再分离，即可产生静电。

黯然失色的美好生活——生活中的污染源

当两个不同的物体相互接触时，电子会从一个物体转移至另一个物体上。使失去电子的物体带上正电荷，而得到电子的物体带上负电荷。若在分离的过程中电荷难以中和，电荷就会积累而使物体带上静电。所以静电作用往往发生在相互接触的两物体分离之时。从一个物体上剥离一张塑料薄膜时就是一种典型的"接触分离"起电，日常生活中脱衣服产生的静电也是"接触分离"起电。

◆被电到了

静电的困扰

◆静电的困扰

静电与我们形影不离，但据医学专家介绍，静电会给人体带来一定的危害。人体产生的静电干扰可以改变人体体表的正常电位差，影响心肌正常的电生理过程及心电在无干扰下的正常传导。这种静电能使病人加重病情或诱发早搏等，持久的静电还会使血液的碱性升高，导致血清中的钙含量下降，钙的排泄增加，从而引起皮肤瘙痒、色素沉着，影响人的机体生理平衡，干扰人的情绪等。不少电脑工作者脸部多发红斑、色素沉着等面部疾病，就是由于电脑屏幕产生的静电吸附大量悬浮的灰尘，使面部受到刺激引起的。此外，由于老年人的皮肤相对比年轻人干燥以及老

领先一步学科学 系列

117

谁来保护我们的家园

◆当心静电

年人心血管系统的老化、抗干扰能力减弱等因素,更容易受静电的危害,引发心血管疾病。心血管系统本来就有各种病变的老年人,静电作用更会使病情加重或诱发室性早搏等心律失常。过高的静电还常常使人焦躁不安、头痛、胸闷、呼吸困难、咳嗽。

友情提醒——静电安全警示

静电是由于物体和物体之间相互接触摩擦而产生的。人体所带的静电主要是因为冬季降雨少,湿度比较低,空气比较干燥,皮肤与衣服、衣服与衣服之间长期摩擦,便会产生静电,皮、毛质地的衣物产生静电更多,人体吸收后就存在体内,当其达到一定程度后,就会释放出来,让人产生触电的感觉。

人体携带的静电

◆防静电标志

由于人体静电泄放时间极短,瞬时脉冲电压高,平均功率可达到千瓦以上,足以击穿元器件,导致电子设备或系统失灵。元器件的电击穿分为软击穿和硬击穿,软击穿不但会造成设备工作失误,更重要的是可能造成毫无规律可循的潜在性失效,使电子产品的可靠性下降。

持久的静电可使血液的碱性升高,

黯然失色的美好生活——生活中的污染源

◆头疼

血清中钙含量减少，尿中钙排泄量增加，这对于正在生长发育的儿童，血钙水平甚低的老年人，以及需钙量甚多的孕妇和乳母无疑是雪上加霜。过多的静电在人体内堆积，还会引起脑神经细胞膜电流传导异常，影响中枢神经，从而导致血液酸碱度和机体氧特性的改变，影响机体的生理平衡，使人出现头晕、头痛、烦躁、失眠、食欲不振、精神恍惚等症状。静电也会干扰人体血液循环、免疫和神经系统，影响各脏器（特别是心脏）的正常工作，有可能引起心率异常和心脏早搏。在冬季，约三分之一心血管疾病的发生与静电有关。

静电的其他危害

受静电危害最深的是石油工业，因为石油产品及蒸气是危险的易燃易爆品。微弱的火花放电也会引起含有汽油或煤油蒸气的空气燃烧爆炸。而在石油的生产和储运过程中，几乎处处有静电；石油在管道中流动，在管壁上可产生静电；石油从管口流出，冲击金属容器会产生静电；石油液滴飞溅与空气摩擦，会产生静电；石油通过过滤网，会产生静电；石油在油罐车、油船中连续颠簸，运油车行驶时，轮胎和路面摩擦、甚至向油罐中灌入不同规格的新油等等，都会产生大量静电。若防电措施稍有疏忽，就有可能造成不可挽回的损失。此外，在印刷车间，纸张由于跟机器和油墨摩擦而带电，常常吸在铅板或印刷机的滚筒上，影响连续印刷。摄影用的胶片，在生产过程中产生的静电电荷，常常发生放电现象，使胶片感光形成斑痕而报废。在煤矿矿井中，由于种种摩擦产生的静电电荷，一旦发生火花放电就会引起瓦斯爆炸，给人们的生命财产带来

◆汽油运输车

谁来保护我们的家园

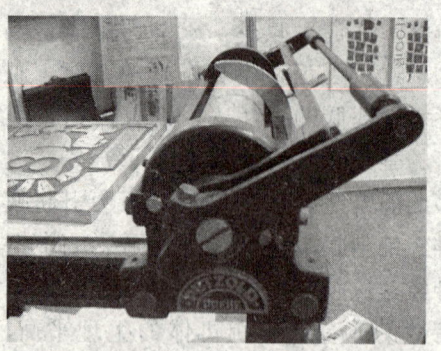

巨大的损失。在火药和炸药的制造、调合、移动及贮藏时，伴随摩擦、分离、混合等过程，会产生大量静电电荷，若不采取必要的措施，更容易造成爆炸、着火等静电灾害。

◆印刷机

 小 博 士

汽油运输车后的链条是防静电的，它可以将汽油罐内产生的静电输送到大地，这样就能避免静电积累带来的火灾等危害。

 知识库——瓦斯爆炸

瓦斯爆炸是一种热—链式反应（也叫链锁反应）。当爆炸混合物吸收一定能量（通常是引火源给予的热能）后，反应分子的链即行断裂，离解成两个或两个以上的游离基（也叫自由基）。这类游离基具有很大的化学活性，成为反应连续进行的活化中心。在适合的条件下，每一个游离基又可以进一步分解，再产生两个或两上以上的游离基。这样循环不已，游离基越来越多，化学反应速度也越来越快，

◆瓦斯爆炸

最后就可能发展为燃烧或爆炸式的氧化反应。所以，瓦斯爆炸就其本质来说，是一定浓度的甲烷和空气中的氧气在一定温度作用下产生的激烈氧化反应。

反应方程式为 $CH_4 + 2O_2 \rightarrow CO_2 + 2H_2O$

黯然失色的美好生活——生活中的污染源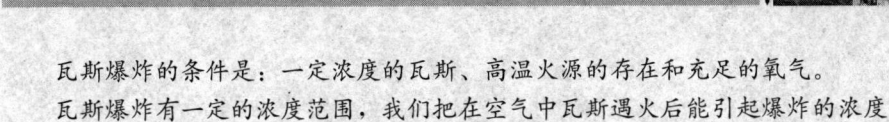

瓦斯爆炸的条件是：一定浓度的瓦斯、高温火源的存在和充足的氧气。

瓦斯爆炸有一定的浓度范围，我们把在空气中瓦斯遇火后能引起爆炸的浓度范围称为瓦斯爆炸界限。瓦斯爆炸界限为5％～16％。

 谁来保护我们的家园

令人眩晕的光——光污染

◆夜上海

如今城市的霓虹灯,好像已成为发达进步的象征。夜幕降临,整个城市被五彩缤纷的光笼罩着,我们不得不承认城市的夜景别有一番风味,在设计师精心的打造下,确实夺人眼球。看路上来来往往的车辆,来去匆匆的行人,还有晚饭后出来散心的市民,真是一片繁荣的景象。路边的小店也把自己装扮得独树一帜,在霓虹灯的衬托下,鲜艳夺目。

当你沉迷于这巧夺天工的美景时,你可曾想过这个城市失去了什么……

光污染的由来

光污染问题最早于20世纪30年代由国际天文界提出,他们认为光污染是城市室外照明使天空发亮从而造成对天文观测的负面影响。之后在英美等国称之为"干扰光",在日本则称为"光害"。

目前,国内外对于光污染并没有一个明确的定义。现在一般认为,光污染泛指影响自然环境,对人类

◆银河系

黯然失色的美好生活——生活中的污染源

正常生活、工作、休息和娱乐带来不利影响，损害人们观察物体的能力，引起人体不适感和损害人体健康的各种光。从波长10纳米至1毫米的光辐射，即紫外辐射、可见光和红外辐射，在不同条件下都可能成为光污染源。

广义的光污染包括一些可能对人的视觉环境和身体健康产生不良影响的事物，包括生活中常见的书本纸张、墙面涂料的反光甚至是路边彩色广告的"光芒"亦可算在此列，光污染所包含的范围之广由此可见一斑。在日常生活中，人们常见的光污染多由镜

◆镜面建筑物

面建筑反光所导致的行人和司机的眩晕感，以及夜晚不合理灯光给人体造成的不适。

白光污染

◆玻璃幕墙反射太阳光

白光污染是指当太阳光照射强烈时，城市里建筑物的玻璃幕墙、釉面砖墙、磨光大理石和各种涂料等装饰反射光线，明晃白亮、眩眼夺目。专家研究发现，长时间在白色光亮污染环境下工作和生活的人，视网膜和虹膜都会受到不同程度的损害，视力急剧下降，白内障的发病率高达45%。还使人头昏心烦，甚至发生失眠、食欲下降、情绪低落、身体乏力等类似

神经衰弱的症状。

夏天，玻璃幕墙强烈的反射光进入附近居民楼房内，可以增加了室内温度4℃～6℃，影响正常的生活。有些玻璃幕墙是半圆形的，反射光汇聚

 谁来保护我们的家园

还容易引起火灾。烈日下驾车行驶的司机会出其不意地遭到玻璃幕墙反射光的突然袭击,眼睛受到强烈刺激,很容易诱发车祸。

长时间在白色光亮污染环境下工作和生活的人,容易导致视力下降,产生头昏目眩、失眠、心悸、食欲下降及情绪低落等类似神经衰弱的症状,使人的正常生理及心理发生变化,长期下去会诱发某些疾病。

 小博士

据光学专家研究,镜面建筑物玻璃的反射光比阳光照射更强烈,其反射率高达82%～90%,光几乎全被反射,大大超过了人体所能承受的范围。

人工白昼

◆人工白昼

人工白昼是指夜幕降临后,商场、酒店上的广告灯、霓虹灯闪烁夺目,令人眼花缭乱。有些强光束甚至直冲云霄,使得夜晚如同白天一样,即所谓人工白昼。在这样的"不夜城"里,夜晚难以入睡,扰乱人体正常的生物钟,导致白天工作效率低下。

目前,大城市普遍过多使用灯光,使天空太亮,以至于都看不见星星,影响了天文观测、航空等,很多天文台因此被迫停止工作。据天文学统计,在夜晚天空不受光污染的情况下,可以看到的星星约为7000颗,而在路灯、背景灯、景观灯乱射的大城市里,只能看到大约20～30颗星星。

人工白昼还可伤害昆虫和鸟类,因为强光可破坏夜间活动的昆虫正常的繁殖过程。同时,昆虫和鸟类还会被强光周围的高温烧死。

黯然失色的美好生活——生活中的污染源

彩光污染

彩光污染具体是指舞厅、夜总会、夜间游乐场所的黑光灯、旋转灯、黑光灯和闪烁的彩色光源发出的彩光所形成的光污染，其紫外线强度远远超出太阳光。

据有关卫生部门对数十个歌舞厅激光设备所做的调查和测定表明，绝大多数歌舞厅的激光辐射压已超过极限值。这种高密集的热性光束通过眼睛晶状体再集

◆夜总会里的彩光

中于视网膜时，其聚光点的温度可达到70摄氏度，这对眼睛和脑神经十分有害。它不但可导致人的视力受损，还会使人出现头痛头晕、出冷汗、神经衰弱、失眠等大脑中枢神经系统的病症。

科学家最新研究表明，彩光污染不仅有损人的生理功能，而且对人的心理也有影响。要是人们长期处在彩光灯的照射下，其心理积累效应，也会不同程度地引起倦怠无力、头晕、性欲减退、阳痿、月经不调、神经衰弱等身心方面的病症。

 小知识

光对心理的影响

"光谱光色度效应"测定显示，如白色光的心理影响为100，则蓝色光为152，紫色光为155，红色光为158，黑色光最高为187。

谁来保护我们的家园

知识库：黑光灯

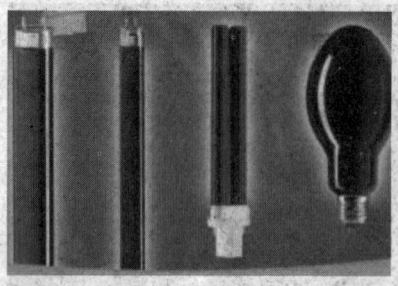

◆黑光灯

黑光灯是一种特制的气体放电灯，灯管的结构和电特性与一般照明荧光灯相同，只是管壁内涂的荧光粉不同。黑光灯能放射出一种人看不见的紫外线，据测定，黑光灯可产生波长为250～320纳米的紫外线，其强度大大高于阳光中的紫外线，人体如长期受到这种黑光灯照射，有可能诱发鼻出血、脱牙、白内障，甚至导致白血病和癌症。这种紫外线对人体的有害影响可持续15～25年。黑光灯照射时间过长会降低人体对钙的吸收能力，导致机体缺钙。

高科技中的光污染

激光污染也是光污染的一种特殊形式。由于激光具有方向性好、能量集中、颜色纯等特点，而且激光通过人眼晶状体的聚焦作用后，到达眼底时的光强度可增大几百至几万倍，所以激光对人眼有较大的伤害作用。激光光谱的一部分属于紫外和红外范围，会伤害眼结膜、虹膜和晶状体。功率很大的激光能危害人体深层组织和神经系统。

◆激光

紫外线最早应用于消毒以及某些工艺流程。近年来它的使用范围不断扩大，如用于人造卫星对地面的探测。紫外线对人体的伤害主要是眼角膜和皮肤。造成角膜损伤的紫外线主要是波长为2500～3050埃的部分，而其中波长为2880埃的作用最强。角膜多次暴露于紫外线，并不会增加对紫外线的耐受能力。紫外线对角膜的伤害作用表现为一种叫做畏光眼炎的极痛

黯然失色的美好生活——生活中的污染源

的角膜白斑伤害。除了剧痛外，还可导致流泪、眼睑痉挛、眼结膜充血和睫状肌抽搐。紫外线对皮肤的伤害作用主要是引起红斑和小水疱，严重时会使表皮坏死和脱皮。人体胸、腹、背部皮肤对紫外线最敏感，其次是前额、肩和臀部，再次为脚掌和手背。不同波长紫外线对皮肤的效应是不同的，波长2800～3200埃和2500～2600埃的紫外线对皮肤的效应最强。

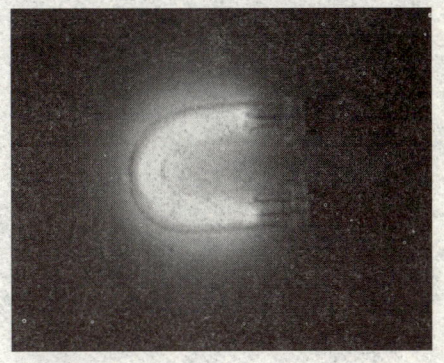
◆紫外线灯

 知识库：紫外线

紫外线是电磁波谱中波长从0.01～0.40微米辐射的总称，不能引起人们的视觉反应，即可见光紫端到X射线间的辐射。

紫外线根据波长分为：近紫外线UVA，远紫外线UVB和超短紫外线UVC。紫外线对人体皮肤的渗透程度是不同的。紫外线的波长愈短，对人类皮肤危害越大。

1801年德国物理学家里特发现在日光光谱的紫端外侧一段能够使含有溴化银的照相底片感光，因而发现了紫外线的存在。

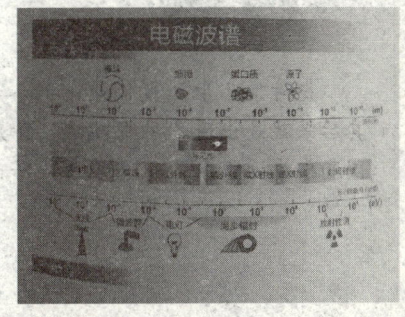
◆光谱

光污染现状

目前，很少有人认识到光污染的危害。据科学测定：一般白粉墙的光反射系数为69%～80%，镜面玻璃的光反射系数为82%～88%，特别光滑的粉墙和洁白的书簿纸张的光反射系数高达90%，比草地、森林或毛面装饰物面高10倍左右，这个数值大大超过了人体所能承受的生理适应范围，

谁来保护我们的家园

◆家庭装修

构成了现代新的污染源。经研究表明，噪光污染可对人眼的角膜和虹膜造成伤害，抑制视网膜感光细胞功能的发挥，引起视疲劳和视力下降。

据有关专家介绍，视觉环境中的噪光污染大致可分为三种：一是室外视环境污染，如建筑物外墙；二是室内视环境污染，如室内装修、室内不良的光色环境等；三是局部视环境污染，如书簿纸张、某些工业产品等。

随着城市建设的发展和科学技术的进步，日常生活中的建筑和室内装修采用镜面、瓷砖和白粉墙日益增多，近距离读写使用的书簿纸张越来越光滑，人们几乎把自己置身于一个"强光弱色"的"人造视环境"中。

小博士

光污染已步入我们生活的各个角落，但是人们对光污染却重视不够。其后果就是出现各种眼疾病，特别是近视，其比率迅速攀升。据统计，我国高中生近视率达60%以上，居世界第二位。

黯然失色的美好生活——生活中的污染源

雾霾的主要祸首
——尾气污染

在现代文明的今天，汽车已经成为了人类不可缺少的交通运输工具。自从1886年第一辆汽车诞生以来，它给人们的生活和工作带来了极大的便利，也已经发展成为近现代物质文明的支柱之一。但是，我们也应该看到，在汽车产业高速发展、汽车产量和保有量不断增加的同时，汽车也带来了大气污染，即汽车尾气污染。

下面就让我们走近汽车，了解尾气……

◆汽车

尾气的主要成分

汽车尾气污染是由汽车排放的废气造成的环境污染。可以说，汽车是一个流动的污染源。在世界各国，汽车污染早已不是新话题。20世纪40年代以来，光化学烟雾事件在美国洛杉矶、日本东京等城市多次发生，造成不少人员伤亡和巨大的经济损失！

 小知识

一氧化碳

一氧化碳的化学式为CO，在通常状况下，它是无色、无味、难溶于水的中性气体，熔点$-205℃$，沸点$-191.5℃$。标准状况下气体密度为1.25克/升，和空气密度（标准状况下1.293克/升）相差很小。

谁来保护我们的家园

科学分析表明，汽车尾气中含有上百种不同的化合物，其中的污染物有固体悬浮微粒、一氧化碳、二氧化碳、碳氢化合物、氮氧化合物、铅及硫氧化合物等。

固体悬浮颗粒指悬浮在大气中不易沉降的所有的颗粒物，包括各种固体微粒，液体微粒等，直径通常在0.1~100微米之间。

一氧化碳是烃燃烧的中间产物，当汽车负重过大、慢速行驶时或空档运转时，燃料不能充分燃烧，废气中一氧化碳含量会明显增加。

氮氧化物主要是指一氧化氮和二氧化氮，它们都是对人体有害的气体，特别是对呼吸系统有危害。

铅是有毒的重金属元素，汽车用油大多数掺有防爆剂四乙基铅或甲基铅，燃烧后生成的铅及其化合物均为有毒物质。

小知识

二氧化氮

二氧化氮的化学式NO_2，在21.1℃时气化为红棕色刺鼻气体，有毒，密度比空气大，易液化，易溶于水，性质较稳定。

固体悬浮颗粒的危害

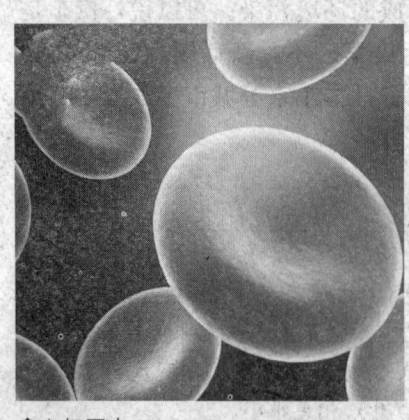

固体悬浮颗粒的危害

固体悬浮颗粒随呼吸进入人体肺部，以碰撞、扩散、沉积等方式滞留在呼吸道的不同部位，引起呼吸系统疾病。当悬浮颗粒积累到临界浓度时，便会激发形成恶性肿瘤。此外，悬浮颗粒物还能直接接触皮肤和眼睛，阻塞皮肤的毛囊和汗腺，引起皮炎和眼结膜炎，甚至造成角膜损伤。

◆血红蛋白

黯然失色的美好生活——生活中的污染源

碳氮类化合物的危害

一氧化碳是一种化学反应能力低的无色无味的窒息性有毒气体，对空气的相对密度为 0.9670，它在水中的溶解度很小。一氧化碳与血液中的血红蛋白结合的速度比氧气快 250 倍，从而削弱了血液向各组织输送氧的功能。吸入过量的一氧化碳会使人发生气急、嘴唇发紫、呼吸困难甚至死亡。

◆汽车尾气

在二氧化氮浓度为 9.4 毫克/立方米的空气中暴露 10 分钟，即可造成人的呼吸系统功能失调。

汽车尾气的碳氢化合物中，甲烷是窒息性气体，乙烯、丙烯和乙炔则主要是对植物造成伤害，使路边的树木不能正常生长。

万花筒

碳氢化合物和氮氧化合物

碳氢化合物和氮氧化合物在大气环境中受强烈太阳光紫外线照射后，产生一系列复杂的光化学反应，形成光化学烟雾，从而生成一种新的污染物。

防爆剂四乙基铅的危害

四乙基铅，别名发动机燃料抗爆混合物。分子式 $C_8H_{20}Pb$；分子量 323.44，熔点 $-136℃$，沸点约 $84.5℃$，相对密度（水=1）1.66，不溶于水、稀酸、稀碱液，溶于多数有机溶剂。化学性质稳定。无色油状液体，有臭味，剧毒品。用于汽油抗震添加剂，提高辛烷值。

四乙基铅的中毒症状与无机铅有所不同，以中枢神经系统的症状表现最为强烈，多数伴有消化系统症状。重度四乙基铅中毒产生晕眩、头沉、

谁来保护我们的家园

头痛、失眠及食欲不振等初发症状，数日之中很快恶化，引起精神亢奋、幻觉、妄想及痉挛等，经昏迷、脏器功能衰竭而死亡。头昏、噩梦、急躁、多动等为一般的中毒症状。

铅能抑制血红蛋白的合成代谢过程，还能直接作用于成熟的红细胞。由于铅尘比重大，通常积聚在1米左右高度的空气中，因此对儿童的威胁最大。

◆防爆剂的发明者——小托马斯·米基利

醛类的危害

醛是由烃类不完全燃烧而产生，主要由内燃机废气排放，汽车尾气排放的醛类成分见表：

名称	所占体积比（％）	名称	所占体积比（％）
甲醛	60～73	乙醛	7～14
丙醛	0.4～16	丙烯醛	2.6～9.8
丁醛	1～4	丁烯醛	0.4～1.4
戊醛	0.4	苯甲醛	3.2～8.5
其他	0～10		

汽车尾气排放的醛类中以甲醛为主，占60％～70％。甲醛是有刺激性的气体，对眼睛有刺激性作用，也会刺激呼吸道，高浓度时会引起咳嗽、胸痛、恶心和呕吐。乙醛属低毒性物质，高浓度时有麻醉作用。丙烯醛是一种辛辣刺激性气体，对眼睛和呼吸道有强烈刺激，可引起支气管细胞损害。

汽车尾气在直接危害人体健康的同时，还会对人类生活的环境产生深远影响。尾气中的二氧化硫具有强烈的刺激性气味，大气中达到一定浓度时容易导致酸雨的发生，造成土壤和水源酸化，影响农作物和森林的生长。

黯然失色的美好生活——生活中的污染源

小知识

甲醛

化学式 CH_2O，熔点 $-92℃$，沸点 $-21℃$，易溶于水和乙醇，$35\%\sim40\%$ 的甲醛水溶液叫做福尔马林。甲醛的用途非常广泛，常用于合成树脂、表面活性剂、塑料、橡胶、皮革、造纸、染料、制药、农药、照相胶片、炸药、建筑材料以及消毒、熏蒸和防腐。

知识库——二氧化硫

二氧化硫（化学式：SO_2）是最常见的硫氧化物。无色气体，有强烈刺激性气味。大气主要污染物之一。火山爆发时会喷出该气体，在许多工业过程中也会产生二氧化硫。由于煤和石油中通常都有含硫化合物，因此燃烧时会生成二氧化硫气体。当二氧化硫溶于水中，会形成亚硫酸。若对 SO_2 进一步催化氧化，便会生成硫酸。这就是对使用这些燃料作为能源的环境效果的担心的原因之一。

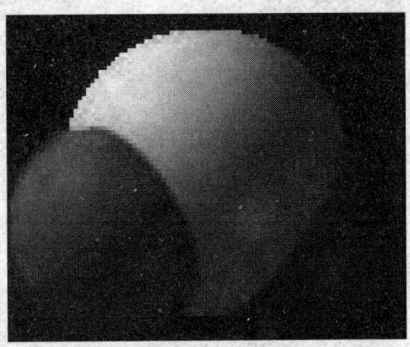
◆SO_2 模型图

认识误区

人们往往忽视了合格车辆尾气排放的危害。不同的汽车有不同的排放量，许可值有大有小，所以即使是在规定许可值范围内的汽车尾气排放，对空气污染的影响依然是存在的。可人们普遍认为检测合格了就没有危害了，这是一种认识上的误区。即使检测合格的车辆尾气排放量也不会一成

◆尾气排放

谁来保护我们的家园

◆尾气探测仪

不变。汽车在行驶一定距离后，随着汽车磨损等原因，尾气排放也逐渐增多。新车是合格的（尾气排放在许可值范围内），旧车（运行 20~30 万千米后）尾气排放基本上超许可值或接近许可值，这部分的汽车尾气污染量也是不小的。

现在的检测就是在汽车后面加一个探测针，这主要是检测尾部的排放，而忽视了汽车曲轴箱和燃油蒸发等其他部位的污染排放。

黯然失色的美好生活——生活中的污染源

科学需要道德制约
——激素滥用

社会飞速发展，人们的生活节奏也越来越快，人们对物质生活的要求也越来越高，各种生活产品的供应也就随之越来越多。供应商们为了最大限度地满足消费者的需求，缩短产品生长周期，随之孕育而生的激素就成了加速剂。人们的生活需求迅速得到了满足。当我们在为物质生活得到满足而干杯时；当我们在为激素的功劳而津津乐道时；你是否静下心来想一想，它是否有不良反应……

◆食物

激素简介

激素（hormone）音译为荷尔蒙。希腊文原意为"奋起活动"，它对肌体的代谢、生长、发育、繁殖、性别、性欲和性活动等起重要的调节作用。

由内分泌腺或内分泌细胞分泌的高效生物活性物质，在体内作为信使传递信息，对机体生理过程起调节作用的物质称为激素。它是我

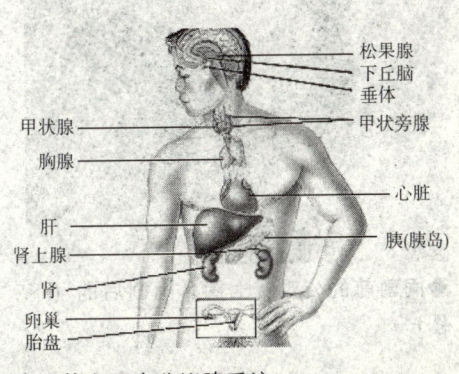

◆人体主要内分泌腺系统

135

 谁来保护我们的家园

们人体中的重要物质。

激素广义上是指引起液体相互关联的物质，但狭义上即一般所指的激素是把动物体内固定部位（一般在内分泌腺内）产生的生物活性物质不经导管直接分泌到体液中，并输送到体内各处，使某些特定组织活动发生一定变化的化学物质。伯利兹和史达灵（1902年）根据他们发现的物质——肠促胰液肽，而首先对具有这种作用的物质赋予了"激素"这一名称和定义。

 广角镜——"激素"一词的由来

1849年，德国哥廷根大学的柏尔陶德（A. A. Berthold）发表了一篇题为《睾丸的移植》的论文，通过精巢的移植，可使阉割过的公鸡恢复原状的现象中，他得到了睾丸是可移植的器官，并且不依赖局部的神经支配的结论，由此证明了睾丸是内分泌腺体，并建立了最早的内分泌学。1902年，英国两位生理学家伯利兹（W. M. Bayliss）和史达灵（E. H. Starling）将动物的十二指肠的内膜，加入酸性溶液，再注入另一只实验狗的静脉，狗的胰脏就分泌了大量胰液，定名为"胰泌素"（secretin），他们发现不同器官之间，有互相调控的化学物质，这种物质以血液输送。1905年6月20日，史达灵在英国皇家医学会的克鲁年讲座（Croonian Lecture）的演讲中首次提出激素（hormone）这一名词。

◆阉割前的公鸡（上图）阉割后的（下图）

黯然失色的美好生活——生活中的污染源

激素功能

激素的分泌均极微量,为毫微克(十亿分之一克)水平,但其调节作用却很明显。激素作用甚广,但不参加具体的代谢过程,只调节特定的代谢及生理过程的进行速度和方向,从而使机体的活动更适应于内外环境的变化。激素的作用机制是通过与细胞膜上或细胞质中的专一性受体蛋白结合而将信息传入细胞,引起细胞内发生一系列相应的连锁变化,最后表现出激素的生理效应。激素的生理作用主要是:通过调节蛋白质、糖和脂肪等物质的代谢与水盐代谢,维持代谢的平衡,为生理活动提供能量;促进细胞的分裂与分化,确保各组织、器官的正常生长、发育及成熟,并影响衰老过程;影响神经系统的发育及其活动;促进生殖器官的发育与成熟,调节生殖过程;与神经系统密切配合,使机体能更好地适应环境变化。研究激素不仅可了解某些激素对动物和人体的生长、发育、生殖的影响及致病的机理,还可利用测定激素来诊断疾病。许多激素制剂及其人工合成的产物已广泛应用于临床治疗及农业生产。利用遗传工程的方法使细菌生产某些激素,如生长激素、胰岛素等已经成为现实,并广泛应用于临床上。

◆激素的功能

谁来保护我们的家园

生长激素

生长激素的主要生理作用是对人体各种组织尤其是蛋白质有促进其合成的作用,能刺激骨关节软骨和骨骺软骨生长,因而能增高。人体一旦缺乏生长激素,就会导致生长停滞。

激素的危害

激素在血中的浓度极低,这样微小的数量却能够产生非常重要的生理作用,其先决条件是激素能被靶细胞的相关受体识别与结合,再产生一系列过程。可有些人为了追求某一目的,大量使用激素,给人体带来了不可估量的危害。

生长激素

生长激素又称人体生长激素,属于体育运动中禁用的肽类激素,通常用于侏儒症的治疗。它具有合成代谢作用,可增长肌肉块头,还能促进人在儿童期和青少年期骨的生长,并加强肌腱和增大内部器官。运动员非法使用生长激素主要是为了强壮肌肉,增加力量,以便获取竞技优势。

使用人体生长激素将会带来感染致命疾病(如艾滋病)的高度风险,已有因使用生长激素而感染脑病毒致死的记载。

过量使用生长激素可降低胰岛素敏感度,引起不耐葡萄糖。据国外报道,80%的生长激素使用者患了糖尿病,需要胰岛素治疗。其他副作用包括月经紊乱、性欲减退和阳痿等。

在体育运动中滥用生长激素是不道德和危险的,对发育期的儿童来说,过量的外源性生长激素会导致巨人症。在成人以后,过量使用会引发冠状动脉心脏病和外周神经系统疾病,并且所引起的心血管和肌肉骨骼病症可能是不可逆的。外源性生长激素的过量使用,还可引起人体产生对生长激素的抗体反应,从而影响内源性生长激素的活性及导致激素分泌紊

黯然失色的美好生活——生活中的污染源

乱。其潜在的长期的副作用是不可逆的，甚至是致命的。

催熟剂

现在有越来越多的蔬菜和水果提早上市，这些蔬果大都是在接近成熟期提前采摘的，上市销售前再用大量的膨大剂、增红剂和催熟剂等化学激素，在将其催熟的同时又令其外观变得更好看，像长着尖蒂的西红柿、个头较大切开后却有空腔的草莓或西瓜，还有一些看起来已经熟透、吃起来却没有什么味道的香蕉或菠萝等，都是由于添加了化学激素的缘故。

◆水果

湛江海洋大学食品科技学院的黄和教授表示，过多地食用含有化学激素的食品，会造成小孩的性早熟。对成人来说，会影响甚至破坏肝脏、肾脏等人体器官，而且还会破坏肠道内的有益细菌，更有甚者，可能会导致癌症。由于培育饲养时间的不够，从而导致营养的不足，原本应含有40多种营养物质的鸡蛋，由于使用了化学激素，不仅营养不达标，有害物质超标，更严重的是营养的缺乏会使人患上佝偻病。

水果在自然成熟过程中会释放出少量乙烯使香蕉、柿子、苹果等成熟，不同的水果产生的量也不同，但总的来说，都是在一个安全的范围内。如果人为添加乙烯催熟的话，由于目前对其浓度也没有一个标准，所以对其使用也没有进行限量，但可以确定的是过量摄入乙烯是会致癌的。

◆蔬菜和水果

 谁来保护我们的家园

 拓展思考

1. 什么是激素？生活中你见到过激素吗？举例说明。
2. 激素都有哪些功能？
3. 激素对人体有害吗？
4. 你能说说如何合理利用激素吗？

黯然失色的美好生活——生活中的污染源

有益还是有害——食品添加剂

当你吃着红扑扑的苹果时;当你吃着雪白的面粉时;当你吃着本该只有夏天才能吃到的西瓜时;当你吃着提前上市的蔬菜时;当你喝着来自蒙古草原上的牛奶时;当你喝着可口的饮料时;当你吃着色香味俱全的美食时;当你还在为你的生活质量津津乐道时,你是否考虑过食品的生产问题;你是否想过那些食品为什么色泽

◆美食

那么鲜艳、保质期为什么会那么长,你可能不会想到你所青睐的食物里有着你并不想吃到的添加剂。

食品添加剂的定义

食品添加剂是用于改善食品品质、延长食品保存期、便于食品加工和增加食品营养成分的一类化学合成或天然物质。食品添加剂可以起到提高食品质量和营养价值,改善食品感观性质,防止食品腐败变质,延长食品保藏期,便于食品加工和提高原料利用率等作用。目前,我国有20多类、近1000种食品添加剂,如酸度调节剂、甜味剂、漂白剂、着色剂、乳化剂、增稠剂、防腐剂、营养强化剂等。可以说,所有的加工食品都含有食品添加剂。而且一般认为合理使用添加剂对人体健康以及食品是无害甚至是有益的,在食品生产中只要按国家标准使用食品添加剂,消费者是可以放心食用的。

谁来保护我们的家园

 小知识

世界各国对食品添加剂的定义不尽相同，联合国粮农组织（FAO）和世界卫生组织（WHO）联合食品法规委员会对食品添加剂定义为：食品添加剂是有意识地一般以少量添加于食品，以改善食品的外观、风味、组织结构或贮存性质的非营养物质。按照这一定义，以增强食品营养成分为目的的食品强化剂不应该包括在食品添加剂范围内。

 友情提醒——食品安全法

按照《中华人民共和国食品卫生法》第99条和《食品添加剂卫生管理办法》第28条，以及《食品营养强化剂卫生管理办法》第2条，中国对食品添加剂定义为：食品添加剂是指为改善食品品质和色、香、味以及为防腐和加工工艺的需要而加入食品中的化学合成或天然物质。

◆含有添加剂的食品

食品添加剂的种类

在国际上，食品添加剂按来源可分为三类：第一类，是天然提取物；第二类，利用发酵等方法制取的物质，如柠檬酸等，它们中有些虽是化学合成的，但其结构和天然化合物结构相同；第三类，纯化学合成物，如苯甲酸钠。目前，天然食品添加剂品种较少，价格偏高，许多价格低廉的合成食品添加剂，仍占据着食品添加剂应

◆一日三餐

黯然失色的美好生活——生活中的污染源

用的主流。

食品添加剂的种类随着自然科学的进步在逐年增加，据最新统计，共有22类，近2000个品种，其中香料有1000多种。按《食品添加剂使用卫生标准》附录E列举了的食品添加剂功能类别有：酸度调节剂、抗结剂、消泡剂、抗氧化剂、漂白剂、膨松剂、胶基糖果中基础剂物质、着色剂、护色剂、乳化剂、酶制剂、增味剂、面粉处理剂、被膜剂、水分保持剂、营养强化剂、防腐剂、稳定剂和凝固剂、甜味剂、增稠剂、食品用香料、食品工业用加工助剂等。

 小知识

由于对食品添加剂安全性认识的误区，人们往往认为天然的食品添加剂比人工化学合成的安全，实际上许多天然产品的毒性因目前的检测手段，检测的内容所限，尚不能作出准确的判断，而且，就已检测出的结果进行比较，天然食品添加剂并不比合成的毒性小。

链接——绿色食品

在绿色食品生产、加工过程中，视产品本身或生产中的需要，均可使用食品添加剂。在AA级绿色食品中只允许使用天然的食品添加剂，不允许使用人工化学合成的食品添加剂；在A级绿色食品中可以使用人工化学合成的食品添加剂，但以下产品不得使用：（1）亚铁氰化钾（2）4-己基间苯二酚（3）硫磺（4）硫酸铝钾（5）硫酸铝铵（6）赤藓红（7）赤藓红铝色锭（8）新红（9）新红铝色锭（10）二氧化钛（11）焦糖色（亚硫酸铵法，加氨生产）（12）硫酸钠（钾）（13）亚硝酸钠（钾）（14）司盘80（15）司盘40（16）司盘20（17）吐温80（18）吐温20（19）吐温40（20）过

◆A级绿色食品标志

谁来保护我们的家园

氧化苯甲酰（21）溴酸钾（22）苯甲酸（23）苯甲酸钠（24）乙氧基喹（25）仲丁胺（26）桂醛（27）噻苯咪唑（28）过氧化氢（或过碳酸钠）（29）乙萘酚（30）联苯醚（31）2-苯基苯酚钠盐（32）4-苯基苯酚（33）戊二醛（34）新洁而灭（35）2、4-二氯苯氧乙酸（36）糖精钠（37）环乙基氨基磺酸钠。

◆AA级绿色食品标志

添加剂的使用

◆糖果中的添加剂

添加剂在使用中不应对人体产生任何健康危害；不应掩盖食品腐败变质；不应掩盖食品本身或加工过程中的质量缺陷或以掺杂、掺假、伪造为目的而使用食品添加剂；不应降低食品本身的营养价值；在达到预期的效果下尽可能降低在食品中的用量。食品工业用加工助剂一般应在制成最后成品之前除去，有规定食品中残留量的除外。

在下列情况下食品添加剂可以通过食品配料（含食品添加剂）带入食品中：根据相关标准，食品配料中允许使用该食品添加剂；食品配料中该添加剂的用量不应超过允许的最大使用量；应在正常生产工艺条件下使用这些配料，并且食品中该添加剂的含量不应超过由配料带入的水平；由配料带入食品中的该添加剂的含量应明显低于直接将其添加到该食品中通常所需要的水平。

黯然失色的美好生活——生活中的污染源

添加剂的危害

过量摄入食品添加剂给人体带来的危害是潜在的，在短期内一般不会有很明显的症状，若长期积累，其危害就会显现出来。如色素摄入过量，会造成人体毒素沉积，对神经系统、消化系统等都会造成伤害；超标使用甜味剂、膨化剂和防腐剂，对人体有较大危害，严重的可能致癌；增甜剂广泛用于风味酸奶、水果罐头、八宝粥、果冻、面包等，大量摄入影响智力、导致头疼、癫痫、癌症等。

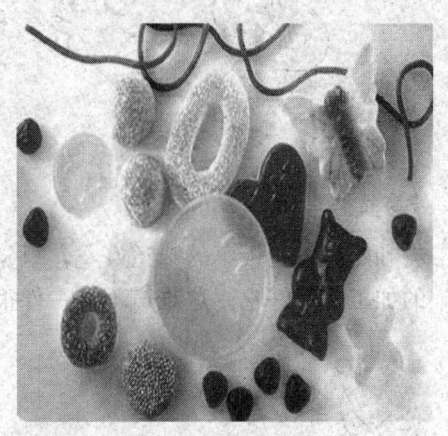
◆隐藏在食品中的添加剂

此外，亚硝酸盐在肉类加工如制香肠、肉罐头中被广泛使用，用于防腐，属于中等毒性物质。过量摄入亚硝酸盐，轻度中毒症状包括头痛、头晕、恶心、呕吐，严重中毒会出现意识不清、昏迷甚至死亡。一些研究已经表明，硝酸盐和亚硝酸盐还有致畸性和致癌性。

此外，在许多果味水、果味粉、果子露、汽水、配制酒、红绿丝、罐头等食品中大量应用合成色素。2007年《柳叶刀》杂志上发表的一份英国研究显示，过量摄入人造色素会加剧孩子的多动症症状。为了降低生产成本，提高食品色香味等外在品质，一些食品企业过度使用添加剂，已经远远超出我们的想象。

假冒添加剂

有些不法分子为牟取暴利，还在食品中违规加入不属食品添加剂的有毒有害物质，如使用矿物油加工大米、饼干；用工业用甲醛、烧碱处理水发产品；在米粉、米线、粉丝中加吊白块。

盐、化学调味料、蛋白水解物这"三件套"被用在了所有的加工食品里。明太鱼子、鱼糕、火腿、香肠、咸菜自不必说，方便面、软罐头食

谁来保护我们的家园

糟了,他们要说"坏蛋"都是咱们生的!

◆食品添加剂的危害

品、冷冻食品、咖喱炒面、瓶装食品、罐装食品、冷冻汉堡、肉丸、各种即食汤汁、粉状食品、茶泡饭的调味料……当然,也有孩子们喜欢的零食,如脆酥饼干、粗点心等。很难找到不用这三件套的加工食品。一旦味觉被它们麻痹,孩子记住了这种味道,就不会觉得真材料和妈妈做的饭菜的味道好吃,只觉得加了很多化学调味料、蛋白水解物的加工食品好吃。这难道不是一件很恐怖的事吗?

 **食品安全**

中国消费者协会在北京市场上购买了果冻、八宝粥、饮料、蜜饯、糖果、口香糖、无糖食品、酱菜等8大类,103个样品。委托中国进出口商品检验技术研究所,依照国家标准对样本进行测试,具体检测项目为糖精钠、甜蜜素这两种人工合成甜味剂。测试结果显示:糖精钠、甜蜜素、苯甲酸钠、山梨酸钾这四种食品添加剂被广泛使用。

 **拓展思考**

1. 食品中使用添加剂合法吗?你知不知道添加哪些添加剂是违法的?
2. 是不是天然的食品添加剂对人都无危害?
3. 食品添加剂都有哪些危害?

人类还有未来吗
——地球环境现状

草木葱茏,绿树成荫,鸟语花香,空气清新是我们梦寐以求的家园。地球是人类唯一居住的地方,人类要在地球上安居乐业,就要爱护地球,保护环境,维持生态平衡。"天苍苍,野茫茫,风吹草低见牛羊",多么美的一首诗啊!一下子就把我们带到了大自然风光的遐想中,那么美丽和谐,那么生机盎然。

然而,近几十年来,人类在最大限度地从自然界获得各种资源的同时,也以前所未有的速度破坏着全球生态环境,人类赖以生存的地球发生了巨大的变化。

人类还有未来吗——地球环境现状

生态环境破坏者——酸雨

近代工业革命，从蒸汽机开始，锅炉烧煤，产生蒸汽，推动机器；而后火力发电厂星罗棋布，燃煤数量猛增。当我们在惊叹我们经济飞速发展时，当我们沉浸在经济快速发展为我们带来丰富的物质生活时，你是否曾静下心来想过在这些光鲜的背后，魔鬼是否也悄悄来临……

◆煤产业

酸雨的形成

纯水是中性的，无色无味；柠檬水、橙汁、醋有酸味都是因为含有弱酸；而苛性钠是碱，它的水溶液就涩涩的，有碱味。

1872年，英国科学家史密斯分析了伦敦市雨水成分，发现郊区雨水含硫酸铵，略呈酸性；市区雨水含硫酸或水解显酸性的硫酸盐，呈酸性。于是史密斯首先在他的著作《空气和降雨：化学气候学的开端》中提出"酸

谁来保护我们的家园

◆酸雨的形成

雨"这一专有名词。

酸雨的成因是一种复杂的大气化学和大气物理现象。酸雨中含有多种无机酸和有机酸,并且绝大部分是硫酸和硝酸。工业生产、民用生活燃烧煤炭排放出来的二氧化硫,石油燃烧以及汽车尾气排放出来的氮氧化物,经过"云内成雨过程",即水汽凝结在硫酸根、硝酸根等凝结核上,发生液相反应,形成硫酸雨滴和硝酸雨滴;又经过"云下冲刷过程",即含酸雨滴在下降过程中不断合并吸附、冲刷其他含酸雨滴和含酸气体,形成较大雨滴,最后降落在地面上,形成了酸雨。

 原理介绍

pH

科学家发现酸性大小与水溶液中氢离子浓度有关;而碱性强弱则与水溶液中氢氧根离子浓度有关;为此特别建立了一个量化指标:即取水溶液中氢离子浓度常用对数的相反数,叫pH。纯水(蒸馏水)的pH为7,显中性;酸性越大,pH越低;碱性越大,pH越高。

讲解——酸雨形成的化学分析

化学反应方程式:

硝酸型酸雨:

$2NO + O_2 \rightarrow 2NO_2$

$3NO_2 + H_2O \rightarrow 2HNO_3 + NO$

或

$4NO_2 + 2H_2O + O_2 \rightarrow 4HNO_3$

硫酸型酸雨:

人类还有未来吗——地球环境现状

$S + O_2 \rightarrow SO_2$（反应条件是点燃）
$SO_2 + H_2O \rightarrow H_2SO_3$（亚硫酸）
$2H_2SO_3 + O_2 \rightarrow 2H_2SO_4$

酸雨的危害

硫和氮是动植物生长所需的营养元素。弱酸性降水可溶解土壤中的矿物质，供植物吸收。如酸度过高，pH 降到 5.6 以下时，就会产生严重危害。它可以直接导致大片森林死亡，也会影响农林作物叶部的新陈代谢，同时土壤中的金属元素因被酸雨溶出，造成矿物质大量流失，植物无法获得充足的养分而枯萎死亡。

◆酸雨对森林的危害

溶解在酸雨中的金属元素流入河川或湖泊中，使得鱼类大量死亡，并使水生植物及引水灌溉的农作物累积有毒金属，并随食物链进入人体，影响人类的健康。湖泊酸化后，可能使生态系统改变，引起湖中生物死亡，生态循环因而无法进行，最后变成死湖。

酸雨的结果

◆酸雨对水环境的危害

酸雨还会给人和动物的健康带来不利影响，酸性雨、雾对眼、咽喉和皮肤的刺激会引起结膜炎、咽喉炎、皮炎等病症。

世界上许多古建筑和石雕艺术品因遭酸雨腐蚀而严重损坏，如我国四川的乐山大佛、加拿大的议会大厦等。最近发现，北京卢沟桥的石狮和附近的石碑，五塔寺的金刚宝塔等均遭酸雨侵蚀而严重损坏。

酸雨对文物的危害

◆乐山大佛

◆乐山大佛被腐蚀

乐山大佛地处四川省乐山市境内岷江、青衣江、大渡河三江汇流处，与乐山城隔江相望。乐山大佛在汇流处依岷江南岸凌云山栖霞峰临江峭壁凿造而成，又名凌云大佛，为弥勒佛坐像，是唐代摩岩造像中的艺术精品之一，是世界上最大的石刻弥勒佛坐像。

乐山大佛头与山齐，足踏大江，双手抚膝，大佛体态匀称，神势肃穆，依山凿成，临江危坐。大佛通高71米，头高14.7米，头宽10米，发髻1021个，耳长7米，鼻长5.6米，眉长5.6米，嘴巴和眼长3.3米，颈高3米，肩宽24米，手指长8.3米，从膝盖到脚背长28米，脚背宽8.5米，脚面可围坐百人以上。

研究发现，大佛在最近30年中被溶蚀剥落的厚度达1.9466厘米，平均剥蚀速率约0.2克/小时。大佛佛身及景区内块状粉砂岩，绝大部分均出现不同程度的溶蚀剥落现象，其中尤以凌云栈道及大佛旁的游道最为严重。

1200岁的乐山大佛已经生病了，它渐渐失去了昔日的美丽，因为酸雨的腐蚀，它变成了今天的这个样子。乐山大佛已经在呻吟了，它流着眼泪说："我好痛……"

人类还有未来吗——地球环境现状

 名人介绍——海通和尚

　　据唐代韦皋《嘉州凌云大佛像记》和明代彭汝实《重修凌云寺记》等书记载，乐山大佛开凿的发起人是海通和尚。海通是贵州人，结茅于凌云山中。古代的乐山居三江汇流之处，岷江、青衣江、大渡河三江汇聚凌云山麓，水势相当凶猛，舟楫至此往往被颠覆。每当夏汛，江水直捣山壁，常常造成船毁人亡的悲剧。海通和尚见此立志凭崖开凿弥勒佛大像，欲仰仗其无边法力，减杀水势，永镇风涛。于是，海通禅师遍行大江南北、江淮两湖募化钱财，开凿大佛。佛像动工后，地方官前来索贿营造经费，海通严词拒绝道："自目可剜，佛财难得。"地方官仗势欺人，反而说："尝试将来。"海通从容"自抉其目，捧盘致之"，吏因大惊，奔走祈悔。

◆海通和尚

"领先一步学科学"系列

153

 谁来保护我们的家园

 拓展思考

1. 什么是酸雨?
2. 酸雨是如何形成的?
3. 酸雨的危害有哪些?

人类还有未来吗——地球环境现状

被污染穿透的保护伞
——臭氧层空洞

◆地球周围的大气层

在距离地球表面14～25千米的高空，因受太阳紫外线照射的缘故，形成了包围在地球外围空间的臭氧层，这层臭氧层正是人类赖以生存的保护伞。在这么广大的区域内到底有多少臭氧呢？估计小于大气的十万分之一。如果把大气中所有的臭氧集中在一起，仅仅有三厘米薄的一层。那么，地球表面是否有臭氧存在呢？回答是肯定的。太阳的紫外线大概有近1%部分可达地面。尤其是在大气污染较轻的森林、山间、海岸周围的紫外线较多，存在比较丰富的臭氧。

臭氧的由来

人类真正认识臭氧还是在160多年以前，由德国化学家舍贝因（Schönbein）博士首次提出在水电解及火花放电中产生的臭味，同在自然界闪电后产生的气味相同，舍贝因博士认为其气味类似于希腊文的ozein（意为"难闻"），由此将其命名为ozein（臭氧）。

◆臭氧分子结构式

自然界中的臭氧，大多分布在距地面20～50千米的大气中，我们称之为臭氧层。臭氧层中的臭氧主要是紫外线的照射形成的。大家知道，太阳光线中的紫外线分为长波和短波两种，当大气中的氧气（含量21%）分子

谁来保护我们的家园

受到短波紫外线照射时，氧分子会分解成原子状态。氧原子的不稳定性极强，极易与其他物质发生反应。如与氢（H_2）反应生成水（H_2O），与碳（C）反应生成二氧化碳（CO_2）。同样的，氧原子与氧分子（O_2）反应时，就形成了臭氧（O_3）。臭氧形成后，由于其比重大于氧气，会逐渐向臭氧层的底层降落，在降落过程中随着温度的变化（上升），臭氧的不稳定性愈趋明显，再受到长波紫外线的照射，再度还原为氧。臭氧层存在着氧气与臭氧相互转换的动态平衡。

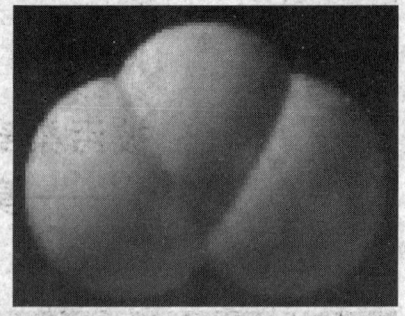

◆臭氧分子结构示意图

 开心驿站

关于臭氧的其他说法

1785年，德国人在使用电机时，发现在电机放电时产生一种异味。1840年德国化学家C.F.舍拜恩在电解稀硫酸时，发现有一种特殊臭味的气体释出，因此将它命名为臭氧。

臭氧的性质

◆臭氧的作用

臭氧气体呈蓝色，液态呈暗蓝色，固态呈蓝黑色。它的分子结构呈三角形。臭氧不稳定，在常温下慢慢分解，200℃时迅速分解，它比氧气的氧化性更强，能将金属银氧化为过氧化银，将硫化铅氧化为硫酸铅，它还能氧化有机化合物，如靛蓝遇臭氧会脱色。臭氧在水中的溶解度较氧气大，0℃和$1×10$帕时，1体积水可溶解0.494体积臭

氧。臭氧层能吸收大部分波长短的射线（如紫外线），起着保护人类和其他生物的作用。

世界上还为此专门设立了国际保护臭氧层日。人们也许以为，受到保护的臭氧应该越多越好，其实不是这样，如果大气中的臭氧浓度过高，尤其是地面附近的大气中的臭氧聚集过多，对人类来说反而是个祸害。

臭氧是光化学烟雾的主要成分，它不是直接被排放的，而是转化而成的，比如汽车排放的氮氧化物，只要在阳光辐射及适合的气象条件下就可以生成臭氧。

从臭氧的性质来看，它既可助人又会害人，它既是上天赐予人类的一把保护伞，有时又像是一剂猛烈的毒药。

臭氧的作用

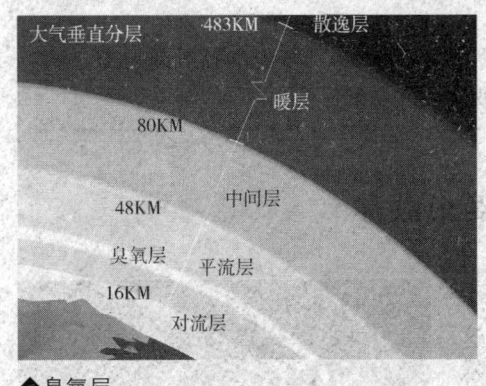

◆臭氧层

雷电作用也可产生臭氧，且分布于地球的表面。正因为如此，雷雨过后，人们感到空气清爽，人们也愿意到郊外的森林、山间、海岸去呼吸大自然清新的空气，在享受自然美景的同时，让身心来一次爽爽快快的"洗浴"，这就是臭氧的功效。所以有人说，臭氧是一种干净清爽的气体。（臭氧有极强的氧化性，少量的臭氧会使人感到精神振奋；但过强的氧化性也使其具有杀伤作用。）

大气臭氧层主要有三大作用。其一为保护作用，臭氧层能够吸收太阳光中波长 $306.3\mu m$ 以下的紫外线，主要是一部分 UVB（波长 $290\sim 300\mu m$）和全部的 UVC（波长 $<290\mu m$），保护地球上的人类和动植物免遭短波紫外线的伤害。所以臭氧层犹如一把巨伞保护地球上的生物得以生存繁衍。其二为加热作用，臭氧吸收太阳光中的紫外线并将其转换为热能加热大气，由于这种作用大气温度结构在高度50千米左右有一个峰，地球上空15~50千米存在着升温层。其三为温室气体的作用，在对流层上部和

 谁来保护我们的家园

平流层底部，即在气温很低的这一高度，臭氧的作用同样非常重要。如果这一高度的臭氧减少，则会产生使地面气温下降的动力。因此，臭氧的高度分布及变化是极其重要的。

 小博士

研究表明，空气中臭氧浓度在0.012ppm水平时（这也是许多城市中典型的水平），能导致人皮肤刺痒，眼睛、鼻咽、呼吸道受刺激，肺功能受影响，引起咳嗽、气短和胸痛等症状；空气中臭氧水平提高到0.05ppm，入院就医人数平均上升7%～10%。

 小知识

只有长波紫外线 UVA 和少量的中波紫外线 UVB 能够辐射到地面，长波紫外线对生物细胞的伤害要比中波紫外线轻微得多。

臭氧层的破坏

在平流层内（离地面20～30千米的地方）是臭氧的集中层带，在这个臭氧层中存在着氧原子（O）、氧分子（O_2）和臭氧（O_3）的动态平衡。

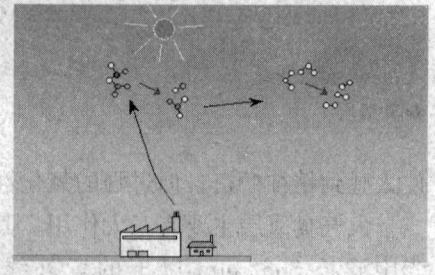
◆臭氧分子的破坏

但是氮氧化物、氯原子、溴原子等活性物质及其他活性基团会破坏这个平衡，使其向着臭氧分解的方向转移。而氟氯烃（CFC）非同寻常的稳定性使其在大气同温层中很容易聚集起来，其影响将持续一个世纪或更长的时间。在强烈的紫外辐射作用下，它们光解出氯原子和溴原子，成为破坏臭氧的催化剂（一个氯原子可以破坏10万个臭氧分子）。总反应为：$2O_3 \rightarrow 3O_2$

人类还有未来吗——地球环境现状

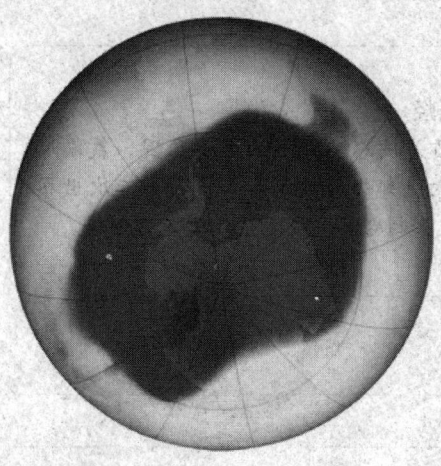

◆臭氧空洞

◆不毛之地

在南极上空,约有2000多万平方千米的区域为臭氧稀薄区,其中14～19千米上空的臭氧减少达50%以上,科学家们形象地将之称为"臭氧空洞"。臭氧水平的持续降低,将会使人类受到过量的太阳紫外辐射,导致皮肤癌等疾病的发病率显著增加。除了南北两极之外,近年来,在青藏高原上空也发现了臭氧分布稀薄区。

臭氧层耗竭,会使太阳光中的紫外线大量辐射到地面。紫外线辐射增强,对人类及其生存的环境会造成极为不利的后果,对其他生物产生的影响和危害也令人不安。有人认为,臭氧层被破坏,将打乱生态系统中复杂的食物链,导致一些主要生物物种灭绝。臭氧层的破坏,将使地球上三分之二的农作物减产,导致粮食危机。紫外线辐射增强,还会导致全球气候变暖。

若臭氧层全部遭到破坏,太阳紫外线就会杀死所有陆地生命,人类将也将遭到"灭顶之灾",地球将会成为无任何生命的不毛之地。

小知识

正是由于存在着臭氧才有平流层的存在。而地球以外的星球因不存在臭氧和氧气,所以也就不存在平流层。

 **谁来保护我们的家园**

 小知识

氟氯烃

人类过多地使用氯氟烃类化学物质是破坏臭氧层的主要原因。氯氟烃是一种人造化学物质，1930年由美国的杜邦公司投入生产。在第二次世界大战后开始大量使用，主要用作气溶胶、制冷剂、发泡剂、化工溶剂等。

 友情提醒——地球的未来

有人估计，如果臭氧层中臭氧含量减少10％，地面不同地区的紫外线辐射将增加19％～22％，由此皮肤癌发病率将增加15％～25％。另据美国环境局估计，大气层中臭氧含量每减少1％，皮肤癌患者就会增加10万人，患白内障和呼吸道疾病的人也将增多。

人类还有未来吗——地球环境现状

全球变暖，海平面上升
——温室效应

炎热的夏日谁不喜欢凉风，但要让你穿着羽绒服感受如何？烦躁吧，不舒服吧。可你有没有想过在人类活动频繁的今天，我们的生活严重影响到地球气候，今天我们向大气中排放的二氧化碳气体日益增多，这种气体是地球的"温室气体"，它像给地球披上了一层厚厚的羽绒服，在高温的太阳照射下，地球怎能不冒汗。这会不会给我们人类造成危害呢？地球又会发生怎样的变化……

◆地球"发热"了

什么是温室效应？

温室效应（Greenhouse effect），又称"花房效应"，是大气保温效应的俗称。因其作用类似于栽培农作物的温室，故名温室效应。

温室效应是指透射阳光的密闭空间由于与外界缺乏热交换而形成的保温效应；即太阳短波辐射可以透过大气射入地面，而地面增暖后放出的长波辐射却被大气中的二氧化碳等物质所吸收，从而产生大气变暖的效应。

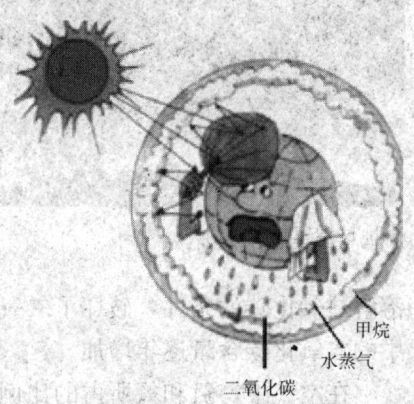

◆温室效应漫画

甲烷
水蒸气
二氧化碳

谁来保护我们的家园

  万花筒

二氧化碳

大气中的二氧化碳就像一层厚厚的玻璃，使地球变成了一个大暖房。据估计，如果没有大气，地表平均温度就会下降到 $-23℃$，而实际地表平均温度为 $15℃$，这就是说大气（主要是二氧化碳）使地表温度提高 $38℃$。

温室效应的形成

温室效应主要是由于现代化工业社会过多燃烧煤炭、石油和天然气，这些燃料燃烧后放出大量的二氧化碳气体进入大气造成的。二氧化碳气体具有吸热和隔热的功能。它在大气中增多的结果是形成一种无形的"玻璃罩"，使太阳辐射到地球上的热量无法向外层空间发散，其结果是地球表面变热起来。

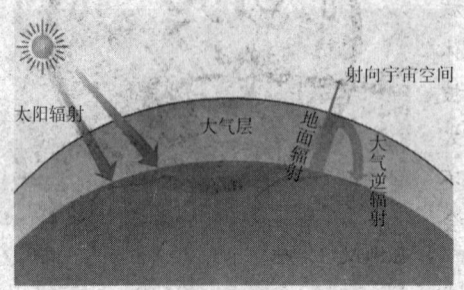

◆正常的大气辐射

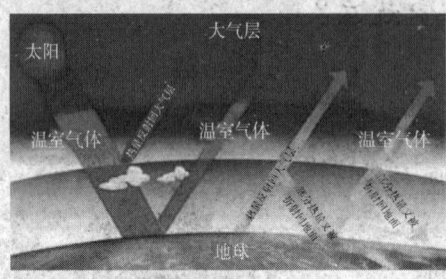

◆地球温室效应辐射

天然气燃烧产生的二氧化碳，远远超过了过去的水平。另一方面，由于对森林乱砍乱伐，大量农田建成城市和工厂，破坏了植被，减少了将二氧化碳转化为有机物的条件。再加上地表水域面积逐渐缩小，降水量大大降低，减少了吸收溶解二氧化碳的条件，破坏了二氧化碳生成与转化的动态平衡，就使大气中的二氧化碳含量逐年增加。

在空气中，氮和氧所占的比例是最高的，它们都可以透过可见光与红外辐射。但是二氧化碳就不行，它不能透过红外辐射。所以二氧化碳可以

人类还有未来吗——地球环境现状

防止地表热量辐射到太空中,具有调节地球气温的功能。但是,二氧化碳含量过高,就会使地球仿佛捂在一口锅里,温度逐渐升高,就形成"温室效应"。形成温室效应的气体,除二氧化碳外,还有其他气体。其中二氧化碳约占75%、氯氟代烷约占15%～20%,此外还有甲烷、一氧化氮等30多种。

温室效应的危害

◆给地球加温

以食海藻为生的浮游动物是海洋中最小但种类最多的生物,因为所有的海洋生物都吃浮游动物,所以它们只在夜晚环境相对安全时才结队出来觅食。它们个头虽小但活动量极大,一个晚上能上下游动数百千米。然而20世纪80年代初,浮游动物的典型代表磷虾突然减少。研究发现,浮游动物的数量变化和广阔水域内冷暖水流的重组具有直接关系。当海洋表面的温水层变厚时,来自深海的富含养分的洋流就会被阻断,而磷虾正是以此为生的。

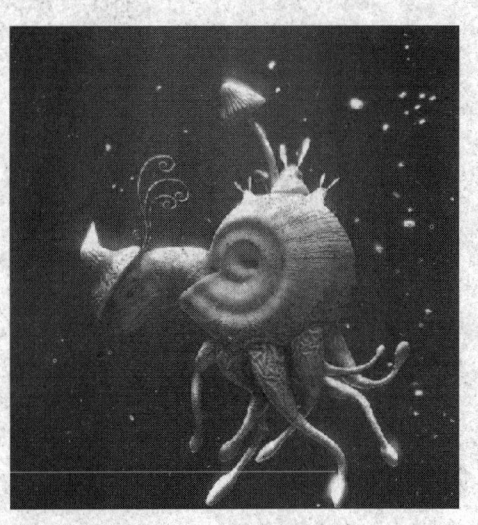

◆深海浮游动物

磷虾的减少不是忍受不住水温的升高,而是死于因温室效应引发的饥荒。

如果二氧化碳含量比现在增加一倍,全球气温将升高3℃～5℃,两极地区可能升高10℃,气候将明显变暖。气温升高,将导致某些地区雨量增加,某些地区出现干旱,飓风力量增强,出现频率也将提高,自然灾害加

谁来保护我们的家园

剧。更令人担忧的是,由于气温升高,将使两极地区冰川融化,海平面升高,许多沿海城市、岛屿或低洼地区将面临海水上涨的威胁,甚至被海水吞没。20世纪60年代末,非洲撒哈拉牧区曾发生持续6年的干旱。由于缺少粮食和牧草,牲畜被宰杀,饥饿致死者超过150万人。

 小知识

进一步研究表明,小海蟹们对现有水温的升高感应非常剧烈。温度只上升0.2℃就使它们烦躁不安,上升0.6℃后它们表现出丧失理智的痛苦,上升1℃后它们便完全失去了生命的气息。

◆温室效应的危害

人类还有未来吗——地球环境现状

 我们的明天

明天，我们去哪里？

南极洲酷热难耐；环境污染，导致全球变暖，人类最终将失去自己的生存空间

随着温室效应的加剧，海洋温水层还在加厚，当这种水温变化达到顶峰时可能会使浮游动物的数量达到临界点，遭殃的可能就是生生不息了数十亿年的生命的摇篮——海洋，从而造成不可逆转的悲剧。到那时，人类面对死寂的家园，不知该作何感想呢？

◆我的家在哪里？

谁来保护我们的家园

风挟沙尘漫天舞——沙尘暴

◆沙尘暴

沙尘暴的动力是风，物质基础是沙尘，风与沙尘各有复杂多样的时空变化，有足够强大的风，还要有足够量的沙尘。但是把大量沙尘吹起来，也还要求很多条件。我国西北干旱区，盛行强烈的西北风。由于古地中海抬升形成大量松软的沙尘堆积。干旱少雨植被稀疏，特别是干旱、大风、植被稀疏都同步发生在春季，因此春季就具备了沙尘暴发生的自然条件。

沙尘暴形成的原因

我国沙尘暴天气主要发生在春末夏初季节，这是由于冬春季干旱区降水甚少，地表异常干燥松散，抗风蚀能力很弱，在有大风刮过时，就会将大量沙尘卷入空中，形成沙尘暴天气。

沙尘暴作为一种高强度风沙灾害，并不是在所有有风的地方都能发生，只有在那些气候干旱、植被稀疏的地区，才有可能发生

◆过度放牧

人类还有未来吗——地球环境现状

◆植被破坏

沙尘暴。沙尘暴的发生不仅是特定自然环境条件下的产物,而且与人类活动有着密切的关系。人为过度放牧,滥伐森林植被,工矿交通建设,尤其是人为过度垦荒破坏地面植被,扰动了地面结构,形成大面积沙漠化土地,直接加速了沙尘暴的形成和发生。

沙尘暴是一种风与沙相互作用的灾害性天气现象,它的形成与地球温室效应、厄尔尼诺现象、森林锐减、植被破坏、物种灭绝、气候异常等因素有着不可分割的关系。其中,人口膨胀导致的过度开发自然资源、过量砍伐森林、过度开垦土地是沙尘暴频发的主要原因。

 开心驿站

沙尘暴

沙尘暴是沙暴和尘暴两者兼有的总称,是水平能见度小于1千米的严重风沙天气现象。其中沙暴系指大风把大量沙粒吹入近地层所形成的挟沙风暴;尘暴则是大风把大量尘埃及其他细粒物质卷入高空所形成的风暴。当其达到最大强度(瞬时最大风速≥25米/秒,能见度≤50米,甚至降低到0米)时,称为黑风暴,俗称"黑风"。

谁来保护我们的家园

沙尘暴的危害

沙尘暴天气的危害

◆土壤风蚀

出现沙尘暴天气时狂风裹挟的沙石、浮尘到处弥漫，凡狂风经过的地区空气浑浊，呛鼻迷眼，呼吸道等疾病人数增加。

沙尘暴天气携带的大量沙尘蔽日遮光，天气阴沉，造成太阳辐射减少，几小时到十几个小时的恶劣能见度，容易使人心情沉闷，工作学习效率降低。轻者可使大量牲畜患染呼吸道及肠胃疾病，严重时将导致大量"春乏"牲畜死亡、刮走农田沃土、种子和幼苗。沙尘暴还会使地表层土壤风蚀、沙漠化加剧，覆盖在植物叶面上厚厚的沙尘，影响正常的光合作用，造成作物减产。

当人暴露于沙尘天气中时，含有各种有毒化学物质、病菌等的尘土可透过层层防护进入到口、鼻、眼、耳中。这些含有大量有害物质的尘土若得不到及时清理，将对这些器官造成损害或成为病菌的侵入点，引发各种疾病。

 历史故事

沙尘暴危害健康

美国健康学家首先提出，细微污染颗粒与肺病和心脏病死亡之间存在关系。澳大利亚《时代报》称，由于土壤被风蚀而引起的沙尘暴是导致该国200万人哮喘的元凶。

人类还有未来吗——地球环境现状

沙尘暴天气的危害事例

沙尘暴天气经常影响交通安全，造成飞机不能正常起飞或降落（如韩国2007年3月22日有7个机场被迫关闭，3月21日约有70个航班被迫取消）。沙尘暴使汽车、火车车厢玻璃破损、停运或脱轨、人畜死亡、建筑物倒塌、农业减产。沙尘暴对人畜和建筑物的危害绝不亚于台风和龙卷风。

◆沙尘暴危害交通

1993年5月5日，我国西北四省曾发生过一次特大沙尘暴，死亡85人，失踪31人，直接损失高达5.4亿元。1999年8月14日清晨开始，甘肃河西走廊的敦煌等地区发生中等强度的沙尘暴，瞬间风速达每秒14米，能见度在200至300米之间，飞沙走石，形如黄昏。

沙尘暴降尘中至少有38种化学元素，它的发生大大增加了大气固态污染物的浓度，给起源地、周边地区以及下风向地区的大气环境、土壤、农业生产等造成了长期的、潜在的危害。

◆宇航员在空中拍摄到的沙尘暴

◆飞沙走石

沙尘暴的预防

加强环境的保护，把对环境的保护提到法制的高度上来，实行依法保护。恢复植被，加强防止风沙尘暴的生物防护体系。控制人口增长，减轻人为因素对土地的压力，保护好环

谁来保护我们的家园

◆植树造林

境。加强对沙尘暴的发生、危害与人类活动的关系的科普宣传，使人们认识到所生活的环境一旦遭到破坏，就很难恢复，它不仅加剧沙尘暴等自然灾害，还会形成恶性循环，所以人们要自觉地保护自己的生存环境。

人类还有未来吗——地球环境现状

土地退化在加速——荒漠化

土地沙化被称为"地球癌症",病因复杂,主要由缺水引起。沙漠化的成因既有近年来全球气候变暖、持续干旱等自然因素,更有不合理的人为活动的原因。其中很大一部分荒漠化的加重,人为因素是主要原因。

还记得黄河和长江的对话吧。"长江,长江,我是黄河"黄河呼喊长江,"黄河,黄河,我也是黄河"长江悲哀地回应。

◆长江、黄河源头

什么是荒漠化?

什么叫荒漠化?过去我们常理解为"沙漠不断扩大,把沙漠里的沙子扩散到越来越广的肥沃土地上去",这是不准确的。1992年世界环境与发

谁来保护我们的家园

◆沙漠

◆沙漠化

◆草场退化

展大会上通过的定义是"包括气候和人类活动在内的种种因素造成的干旱、半干旱和亚湿润地区的土地退化"。也就是由于大风吹蚀，流水侵蚀，土壤盐渍化等造成的土壤生产力下降或丧失，都称为荒漠化。

狭义的荒漠化（即：沙漠化）乃是指在脆弱的生态系统下，由于人为过度的经济活动，破坏其平衡，使原先非沙漠的地区出现了类似沙漠景观的环境变化过程。正因为如此，凡是具有发生沙漠化过程的土地都称之为沙漠化土地。沙漠化土地还包括了沙漠边缘风力作用下沙丘前移入侵的地方和原来的固定、半固定沙丘由于植被破坏发生流沙活动的沙丘活化地区。

广义的荒漠化则是指由于人为和自然因素的综合作用，使得干旱、半干旱甚至半湿润地区自然环境退化（包括盐渍化、草场退化、水土流失、土壤沙化、狭义沙漠化、植被荒漠化、历史时期沙丘前移入侵等以某一环境因素为标志的具体的自然环境退化）的总过程。

人类还有未来吗——地球环境现状

人为因素荒漠化

人为因素有很多方面，滥牧是其中最严重的一项。长期以来，我国超载放牧现象极为普遍，建国以来，我国牧区家畜由2900万头（只）增加到9000万头（只），大部分草场超载率为50%～120%，有些地区甚至高达300%。滥牧导致草场急剧退化、沙化。内蒙古、新疆、甘肃由于过度放牧使草场退化面积已分别上升到草地总面积的51.8%、63.6%和87.8%。

其次是滥垦。人口增长过快，土地不能扩张，使人口和耕地比例失调。许多地方无计划地进行开垦，边开垦、边撂荒，沙化不断扩展。如内蒙古乌兰察布盟的商都县，在1929年刚建县时，只有8万人，1982年有居民35万人。

再者是滥伐。乱砍滥伐直接毁坏了沙区宝贵的林草植被。植被建设速度赶不上破坏速度。

◆滥牧

 小知识

新疆和田地区因砍伐烧材，使胡杨、灰杨等天然荒漠林每年破坏达760公顷，5年共破坏3800公顷。

谁来保护我们的家园

想一想——还有没有其他因素导致沙漠化？

沙区滥采中草药材、采矿的现象也十分突出，加速了荒漠化的形成。据统计，内蒙古全区在20世纪90年代后几年间因采发菜破坏草原面积达1.95亿亩，其中6000多亩已经沙化；四川若尔盖盛产名贵中药材100多种，一到采药季节，全国各地每年涌入该地采药材的达10余万人，遍山滥采滥挖，造成极大破坏，诱发了土地沙化。

水资源的不合理利用也是荒漠化发生的诱因。上游过度用水，导致下游地区植被迅速退化，土地严重沙化。内蒙古阿拉善盟，历史上曾有"居延大粮仓"的盛名，由于上游地区大量使用黑河水资源，进入绿洲的水量由20世纪60年代的9亿立方米减少到现在的不足2亿立方米，东西居延海已干涸，1400万亩梭梭林枯死。

◆若尔盖花湖

黄土高原水土流失

世界最大的黄土高原，在中国北方地区与西北地区的交界处，它东起太行山，西至乌鞘岭，南连秦岭，北抵长城，主要包括山西、陕西，以及甘肃、青海、宁夏、河南等省部分地区，面积40万平方千米，占世界黄土分布的70%，为世界最大的黄土堆积区，海拔1500～2000米。黄土厚50～80米，气候较干旱，降水集中，植被稀疏，水土流失严重。黄土高原矿产丰富，煤、石油、铝土储量大。

人类还有未来吗——地球环境现状

黄土高原水土流失，有其自然原因，主要有地形、降雨、土壤（地面物质组成）、植被四个方面。其一是地形。地面坡度越陡，地表径流的流速越快，对土壤的冲刷侵蚀力就越强。坡面越长，汇集地表径流量越多，冲刷力也越强。其二是降雨。季风气候降水集中。产生水土流失的降雨，一般是强度较大的暴雨，降雨强度超过土壤入渗强度才会产生地表（超渗）径流，造成对地表的冲刷侵蚀。其三是地面物质组成，土质疏松。其四是植被。植被稀疏，达到一定郁闭度的林草植被有保护土壤不被侵蚀的作用。郁闭度越高，保持水土的能力越强。但更主要的是人为原因，滥采滥伐，造成地表植被严重破坏，使得原有植物根系固土作用大大降低，加速了地表土壤的流失。

◆黄土高原

◆黄土高原地图

如果说黄河是中华民族的母亲，那么黄土高原就是中华民族的父亲。黄土高原像一位中国传统家庭中的父亲。他高高在上，平时默不作声，就像不存在一般。但他却用水土俱下的方式影响着黄河母亲，行使着丈夫和父亲的职责。当他忍无可忍，沉下脸来的时候，正是黄河母亲用洪水作长鞭教训儿女之日。

 知识库——黄土高原洪水泛滥

黄土高原经历了三次滥伐滥垦高潮：
第一次是秦汉时期的大规模"屯垦"（边防军有组织大垦荒）和"移民实边"

谁来保护我们的家园

◆黄土高原洪水泛滥

开垦。这次大"屯垦"使晋北陕北的森林遭到大规模破坏。

第二次是明王朝推行的大规模"屯垦",使黄土高原北部的生态环境遭到空前浩劫。据考证,明初在黄土高原北部的陕北(延安、绥德、榆林地区)和晋北大力推行"屯田"制,竟强行规定每位边防战士毁林开荒任务。从这里我们不难看出,明代推行"屯田"制对环境破坏之严重。

第三次大垦荒是清代,清代曾推行奖励垦荒制度,垦荒范畴自陕北、晋北而北移至内蒙古南部,黄土高原北部和鄂尔多斯高原数以百万亩计的草原被开垦为农田,使大面积的土地沙化,水土流失加剧。

消失的楼兰

楼兰,西域古国名,国都楼兰城。楼兰在历史上是丝绸之路上的一个枢纽,中西方贸易的一个重要中心。楼兰古城现占地面积12万平方米,接近正方形,边长约330米,整个遗址散布在罗布泊西岸的雅丹地貌群中。楼兰国的远古历史至今尚不清楚。大约在公元前3世纪时,楼兰人建立了国家,当时楼兰受月

◆楼兰古城遗址

氏统治。公元前177年至公元前176年,匈奴打败了月氏,楼兰又为匈奴所辖。楼兰王国最早的发现者是瑞典探险家斯文·赫定。

楼兰文化堪称世界之最的人文景观。据考古学家证实:塔里木河盆地人类活动已有一万年以上的历史。如果我们把遗弃在塔里木河塔克拉玛干大沙漠中的古城用一根红线联接起来,我们会惊奇地发现,所有的古城包括楼兰王国在内,突然消失的时间都在公元415年,所有的遗址都在距今天人类生活地50~200千米的冥冥沙漠之中。

人类还有未来吗——地球环境现状

楼兰国消失的原因一直备受考古学家关注。可以确定的是楼兰的消失与人为因素脱不了干系。

人类活动对罗布泊干涸的影响，在晚近期可以说越来越大。水源和树木是荒原上绿洲能够存活的关键。楼兰古城正建立在当时水系发达的孔雀河下游三角洲，这里曾有长势繁茂的胡杨树供其取材建设。当年楼兰人在罗布泊边筑造了 10 多万平方米的楼兰古城，他们砍伐掉许多树木和芦苇，这无疑会对环境产生负面作用。

◆楼兰复原图

罗布泊的最终干涸，则与我们解放后在塔里木河上游的过度开发有关。当年我们在塔里木河上游大量引水后，致使塔里木河河水入不敷出，下游出现断流。这一点从近年来的黄河断流就可以得到印证。

◆孔雀河

罗布泊也由于没有来水补给，便开始迅速萎缩，终至最后消亡。

水是楼兰城的万物生命之源。罗布泊湖水的消失，使楼兰城水源枯竭，树木枯死，市民皆弃城出走，留下死城一座，在肆虐的沙漠风暴中，楼兰终于被沙丘湮没了。

 追忆历史

楼兰

楼兰名称最早见于《史记》。《汉书·匈奴列传》记载，"鄯善国，本名楼兰，王治扜泥城，去阳关千六百里，去长安六千一百里。户千五百七十，口四万四千一百"。

"领先一步学科学"系列

 谁来保护我们的家园

 历史故事

楼兰遗址的发现

考古专家在楼兰遗址中发现了5号小河墓地上密植的"男根树桩",这说明楼兰人当时已感到部落生存危机,只好祈求生殖崇拜来保佑其子孙繁衍下去。但他们大量砍伐本已稀少的树木,使当地已经恶化的环境雪上加霜。

 友情提醒——人类将会毁在自己的手里

20世纪50年代以来,全国已有67万公顷耕地、235万公顷草地和639万公顷林地变成了沙地。内蒙古乌兰察布盟后山地区、阿拉善地区、新疆塔里木河下游、青海柴达木盆地、河北坝上地区和西藏那曲地区等地,沙化地区平均增加4%以上。由于风沙紧逼,成千上万的牧民被迫迁往他乡,成为"生态难民"。

全国荒漠化土地面积仍高达263.62万平方千米,占国土面积的27.46%。全国沙化土地面积为173.97万平方千米,占国土面积的18.12%。国家林业局

◆若干年后的北极

人类还有未来吗——地球环境现状

提供的资料显示，20世纪末，沙化每年以3436平方千米的速度扩展，每5年就有一个北京市的国土面积因沙化而失去利用价值，全国受沙漠化影响的人口达1.7亿。

我们可以静下心来仔细想一想，楼兰的悲剧会不会重演，我们的生存地会不会成为下一个楼兰……

 谁来保护我们的家园

消逝的地球之肺——森林锐减

广袤的森林被称为"地球之肺",这是有原因的。森林,通过绿色植物的光合作用,不但能将太阳能转化成各种各样的有机物,而且靠光合作用吸收大量的二氧化碳和放出氧气,维系了大气中二氧化碳和氧气的平衡,净化了环境,使人类不断地获得新鲜空气。因此,生物学家曾说,"森林是地球之肺"。森林与人类的发展,与自然界的生态平衡息息相关。

森林给予人类的是清洁的生存环境,是绿色宝库,而人类对森林的毁坏,却使生态环境日趋恶化,灾难频发。甘地曾感慨,"自然满足人的需要绰绰有余,但无法满足人类的贪婪"。

◆森林

森林的功能

森林是一个树木密度高的区域,这些植物群落覆盖着全球大面积土地并且对调节二氧化碳含量、动物群落、水土保持、净化空气和巩固土壤等

起着重要作用，是构成地球生物圈当中的一个最重要方面。

俄国林学家 G·F·莫罗佐夫 1903 年提出，森林是林木、伴生植物、动物及其与环境的综合体。森林群落学、地植物学、植被学被称为森林植物群落，生态学亦称为森林生态系统。在林业建设上，森林是一种可再生的自然资源，具有经济、生态和社会三大效益。

◆竹林

森林是以树木为主体所组成的地表生物群落。它具有丰富的物种，复杂的结构，多种多样的功能。森林与所在空间的非生物环境有机地结合在一起，构成完整的生态系统。森林是地球上最大的陆地生态系统，是全球生物圈中重要的一环。它是地球上的基因库、碳贮库、蓄水库和能源库，对维系整个地球的生态

◆森林生态系统

平衡起着至关重要的作用，是人类赖以生存和发展的资源和环境。

覆盖在大地上的郁郁葱葱的森林，是自然界拥有的一笔巨大而又最可珍贵的"绿色财富"。

小知识

森林净化空气

森林中的植物，如杉、松、桉、杨、圆柏、橡树等能分泌出一种带有芳香味的单萜烯、倍半萜烯和双萜类气体"杀菌素"，能杀死空气中的白喉、伤寒、结核、痢疾、霍乱等病菌。据调查，在干燥无林处，每立方米空气中，含有 400 万个病菌，而在林荫道处只含 60 万个，在森林中则只有几十个了。

 谁来保护我们的家园

 知识库——森林的效益

经济效益：直接经济效益主要来自木材、药材、苗圃、果实的生产收入等。间接经济效益主要来自于遮阳和防风带来的能源节省，绿地所带来的财富增值。

社会效益：森林是旅游休养的最佳场所；森林是非常重要的教学、科研基地；森林是文艺创作的源泉。

生态效益：森林是陆地生态系统的主宰，是国土安全和改善环境的主体，有着别的物质无法替代的作用。

森林锐减

◆美丽的黄土高原

森林锐减是指人类的过度采伐或自然灾害所造成的森林大量减少的现象。

曾几何时，地球上森林满布，水草肥美。就拿我国的黄土高原来说，那时的水是清的，地是肥的，森林茂密，风光秀丽。西周时期，黄土高原的森林面积达32万平方千米（4.8亿亩），覆盖率约为53%。到了秦朝至南北朝时期，森林覆盖率也还超过了40%。公元13世纪，成吉思汗路过黄土高原，他极力称赞黄土高原景色如画，风景优美。可是，由于人们不注意保护环境，对森林乱砍滥伐，加上战争和自然灾害的影响，到了解放前夕，黄土高原的森林覆盖率只有5%了。

科学家们告诉我们，植物能够蓄积雨水、保护水土。因此在植物繁茂的地方，即使下瓢泼大雨，山间流淌的仍是清泉。而在植被遭到破坏的地方，情况就大不相同了。大雨过后，泥沙俱下，大量肥沃泥土被冲走。久而久之，剩下的只能是裸岩和碎石。

人类还有未来吗——地球环境现状

小知识

近几十年来，我国南方的山地和丘陵地区的森林资源被严重破坏，长江流域的土壤侵蚀量每年达 24 亿吨，那儿已经成为我国第二个水土流失严重的地区。我国的第一大河——长江面临着变成第二条黄河的危险。

小资料——森林保护计划

1985 年 FAO 制定了《热带森林行动计划（TFAP）》，1922 年 6 月在巴西举行了"联合国环境与发展大会（UNCED）"。前者对当今热带森林保护和再生具有重大意义，现有 86 个国家正在依此制定国内的热带森林行动计划；而后者通过了《关于森林的原则声明》和《21 世纪议程》。《原则声明》表明了世界各国认识到森林可持续发展对整个环境的重要性，一致认为应该为森林保护和可持续发展做出贡献，《21 世纪议程》是其具体行动的计划，以放缓森林锐减。

绿洲沦为沙漠

历史上，古巴比伦、古埃及、古印度以及我国的黄河流域都是文明的发祥地，原来都是森林茂密、水草丰盛的地方，而由于森林植被遭到破坏，导致了文明的衰落和转移。扎格罗斯山和波斯高原的森林草原被大规模破坏，造成严重沙化，巴比伦文明遭到毁灭性的打击。在非洲一些地区，20 世纪 50 年代以前还有许多森林植被，由于滥伐滥垦，许多地区如今已变成沙漠。撒哈拉沙漠每年向南侵吞 150 万公顷土地，向北侵吞 10 万公顷农田，现已向南扩展了 56 万平方千米。南美洲的哥伦比亚，

◆美丽的黄河

谁来保护我们的家园

在近 150 年间由于砍伐了 1500 万公顷的森林，导致 200 万公顷土地变成荒漠。目前，全球土地荒漠化面积已经达到 3600 万平方千米，占陆地总面积的 1/4，成为全球生态的"头号杀手"，而且每年仍以 5 万至 7 万平方千米的速度在扩展；全世界受荒漠化危害的国家达 110 多个，10 亿人口受到直接威胁。这意味着，地球上已有 1/4 的土地基本失去了人类生存的条件，1/6 的人口受到危害。

 知识库——撒哈拉沙漠

◆撒哈拉沙漠

撒哈拉沙漠是世界最大的沙漠，几乎占满非洲北部全境。东西约长 4800 千米，南北在 1300～1900 千米之间，总面积约 860 万平方千米。撒哈拉沙漠西濒大西洋，北临阿特拉斯山脉和地中海，东临红海，南部到达苏丹和尼日尔河河谷。

撒哈拉沙漠是世界上除南极洲之外最大的荒漠，气候条件极其恶劣，是地球上最不适合生物生长的地方之一。在阿拉伯语中，撒哈拉意即"大荒漠"。

森林锐减的危害

水源短缺

森林被誉为"绿色的海洋"、"看不见的绿色水库"。据测定，每公顷森林可以涵蓄降水约 1000 立方米，1 万公顷森林的蓄水量即相当于 1000 万立方米库容的水库。1980 年度的日本林业白皮书说，日本森林土壤中的贮水量估计达到 2300 亿立方米，相当于面积 675 平方千米的琵琶湖水量的 8 倍。美国前副总统戈尔在《濒危失衡的地球》一书中写道，过去 40 年间，埃塞俄比亚林地所占面积由 40% 下降到 1%，降雨量大幅度下降，出人类还有未来吗——地球环境现状

现了长期的干旱、饥荒。

目前，60%的大陆面积淡水资源不足，100多个国家严重缺水，其中缺水十分严重的国家达40多个，20多亿人饮用水紧缺。预计今后30年内，全球约有2/3的人口处于缺水状况。所以，半个世纪以前，鲁迅先生讲过一句非常深刻的话："林木伐尽，水泽湮枯，将来的一滴水，将和血液等价。"

◆土地干裂

 小知识

20世纪80年代，非洲发生了严重大旱，30多个国家面临大饥荒，每天都有数以千计的人死于饥饿。1984～1985年，仅埃塞俄比亚就有100万人被夺去了生命。由于森林锐减及水污染，造成了全球性的严重水荒。

洪涝灾害频发

◆水灾

水灾与旱灾是一对"孪生子"。破坏森林，必然导致无雨则旱，有雨则涝。大量事实说明，森林有很强的截留降水、调节径流和减轻涝灾的功能。森林凭借它庞大的林冠、深厚的枯枝落叶层和发达的根系，能够起到良好的调节降水的作用。我国山西省民间有一个说法："山上多栽树，等于修水库，雨时能蓄水，旱时它能吐"。孟加拉国由于大量砍伐森林，洪水灾害由历史上的50年一次上升到20世纪70～80年代的每4年一次；非洲、拉丁美洲由于天然林的大

 谁来保护我们的家园

面积被砍伐，水灾也频繁发生。森林的防洪作用主要表现在两个方面：一是截留和蓄存雨水；二是防止江、河、湖、库淤积。这两个作用削弱后，一遇暴雨必然洪水泛滥。

 拓展思考

1. 森林的功能有哪些？
2. 你知道地球的森林覆盖率是多少吗？中国的森林覆盖率又是多少呢？
3. 有哪些因素造成森林锐减？
4. 森林较少对我们整个自然环境的影响是什么？

人类还有未来吗——地球环境现状

干涸的生命之泉——淡水危机

地球表面的 71% 被海洋覆盖，地球上水的总体积近 14 亿平方千米，其中海洋是主体，约 13.7 亿平方千米，占 97.2%，但海水不能直接作为饮用水，也不能用于灌溉。陆地水尚不足 3%，其中河流水仅占 0.0001%，冰山和冰川占 2.15%，湖泊占 0.009%，大气中（水蒸气）占 0.03%，地下水占 0.631%。其中，只有地下水、湖泊、河流和小溪中的淡水可以被人、动物、植物利用，即地球上可以供陆地上生命利用的水量不到总水量的 1%。可见淡水资源是非常有限、非常珍贵的。

◆洞庭湖

淡水的利用

人们通常的饮用水都是淡水。目前，人类对淡水资源的用量愈来愈

谁来保护我们的家园

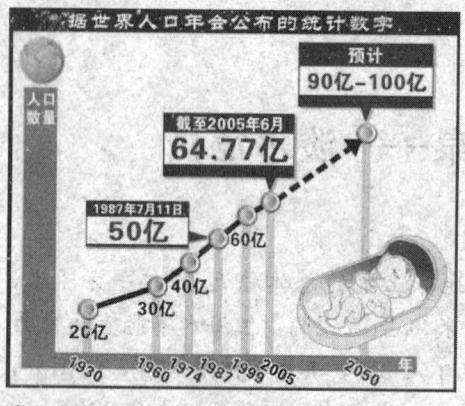

◆人口增长

大,除去不能开采的深层地下水,人类实际能够利用的水只占地球上总水量的0.26%左右。到目前为止,人类淡水消费量已占全世界可用淡水量的54%,但淡水的污染问题却未完全消除。因此,保护水质、合理利用淡水资源,已成为当代人类普遍关心的重大问题。

在过去的一个世纪里,人口增长、工业发展和农业灌溉的扩张是引起水需求增长的三个主要因素。而生活水平的提高也不能不视为水资源需求增长的重要因素。根据1997年9月联合国秘书长安南关于淡水综合估计的报告,人类现在直接或间接利用着世界水供应量的一半以上,全球人均可用淡水量从1950年的17000立方米下降到1995年的7000立方米。到2020年,水的使用量将会提高40%,其中17%以上的水将要用于满足人口增长所引起的食品生产。

 小知识

地球上的水很多,淡水储量仅占全球总水量的2.53%,而且其中的68.7%又属于固体冰川,分布在难以利用的高山和南、北两极地区,还有一部分淡水埋藏于地下很深的地方,很难进行开采。目前,人类可以直接利用的只有地下水、湖泊淡水和河床水,三者总和约占地球总水量的0.77%。

小资料——淡水湖简介

淡水湖是指以淡水形式积存在地表上的湖泊,有封闭式和开放式两种。封闭式是没有明显的河川流入和流出。开放式的则有多条河川流入、流出。

中国的六大淡水湖包括鄱阳湖、洞庭湖、太湖、微山湖、洪泽湖、巢湖,主

人类还有未来吗——地球环境现状

◆鄱阳湖

要分布在长江中下游平原、淮河下游和山东南部,这些湖泊面积约占全国湖泊总面积的三分之一。

淡水水质下降

随着科技的进步、经济的发展,世界各国的贫富差距越来越大。穷国与富国,发展中国家与发达国家都同样存在水污染问题。水污染有其自然来源,如含有有毒物质的泉水、渗漏的油和由侵蚀产生的沉积物。但大部分关于水污染的讨论集中于影响到水质或其可用性的由人为引起的变化。城市和工业排出的有毒化学制品、污水、致病物、油、重金属、热污染、放射性废物污染着河流和地下水。农业开发在解决世界食物问题方面取得了重大进展,但是它也造成了水污染,由于大量使用肥料

◆污染河流

谁来保护我们的家园

和农药，水源受到污染。相对于发达国家来说，发展中国家的水污染比较严重。马来西亚的50条主要河流中，有42条正面临着"生态灾难"。在菲律宾，家用污水量占马尼拉的帕西格河总量的60%～70%，成千上万人不仅用这些水洗澡、洗衣服，还作为饮用水的来源。在中国，水污染问题也相当严峻。中国的44个主要城市中，有41个城市使用着"受到不同程度污染"的水源。

 小资料——淡水的补给

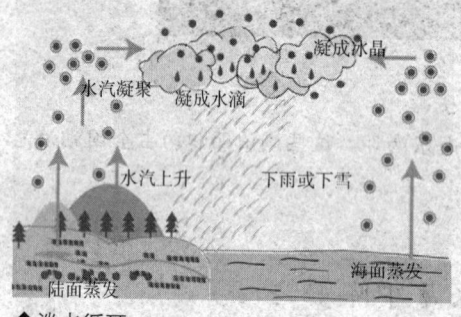

◆淡水循环

淡水补给依赖于海洋表面的蒸发。每年海洋要蒸发掉50.5万立方千米的海水，即1.4米厚的水层。此外，陆地表面还要蒸发7.2万立方千米。所有降水中有80%降落到海洋中，即45.8万立方千米，其余11.9万立方千米降落于陆地。地表降水量和蒸发量之差（每年约11.9万立方千米减去7.2万立方千米的差额）就形成了地表径流和地下水的补给——大约4.7万立方千米。所有径流中，半数以上发生在亚洲和南美洲，很大一部分发生在同一条河中，即亚马孙河，这条河每年要带走6000立方千米的水。

淡水危机

淡水资源危机严重制约了可持续发展，许多国家的用水速度已经超过了水的再生速度；人类过度用水、水污染和引进外来物种造成湖泊、河流、湿地和地下含水层的淡水系统被破坏或消失；很多国家的淡水管理政策与当地实际情况脱节等问题导致水资源的日益匮乏。人类面临着严峻的危机和挑战。

当今淡水资源问题已经不仅仅限于一国范围之内，面对挑战，应对的应是整个国际社会，包括各个国家、各个地区、政府与非政府组织、公司

人类还有未来吗——地球环境现状

企业还有个人等等。要减轻甚至消除淡水资源的危机就必须进行国际合作、通过全球努力来解决当代以至子孙后代的淡水资源问题。

　　1972年联合国人类环境会议指出:"石油危机之后,下一个危机是水。" 1977年联合国水事会议又进一步强调:"水,不久将成为一个深刻的社会危机。"

 谁来保护我们的家园

第六次物种大灭绝
——生物多样性危机

物种的多样性是生物多样性的关键，它既体现了生物之间及环境之间的复杂关系，又体现了生物资源的丰富性。世界由于生物多样性而精彩，人类由于有了其他物种的陪伴而使生活变得多姿多彩。自然界正是由于物种的多样性而魅力无限。

每一个物种都是大自然长期进化的产物，其作用无可替代，一旦消失了，对整个自然界的危害是无法估量的……

◆丰富的生物资源

生物资源保护

20世纪以来，随着世界人口的持续增长和人类活动范围与强度的不断增加，人类社会遭遇到一系列前所未有的环境问题，面临着人口、资源、

人类还有未来吗——地球环境现状

环境、粮食和能源等5大危机。这些问题的解决都与生态环境的保护与自然资源的合理利用密切相关。

第二次世界大战以后，国际社会在发展经济的同时更加关注生物资源的保护问题，并且在拯救珍稀濒危物种、防止自然资源的过度利用等方面开展了很多工作。1948年，由联合国和法国政府创建了世界自然保护联盟（IUCN）。1961年，世界野生生物基金会建立。1971年，由联合国教科文组织提出了著名的"人与生物圈计划"。1980年，由IUCN等国际自然保护组织编制完成的《世界自然保护大纲》正式颁布，该大纲提出了"要把自然资源的有效保护与资源的合理利用有机地结合起来"的观点，对促进世界各国加强生物资源的保护工作起到了极大的推动作用。

 开心驿站

《生物多样性公约》

在《生物多样性公约》里，生物多样性的定义是"所有来源的活的生物体中变异性，这些来源包括陆地、海洋和其他水生生态系统及其所构成生态综合体；这包括物种内、物种之间和生态系统的多样性。"

 知识库——世界自然保护联盟

世界自然保护联盟（World Conservation Union），常简称为IUCN，是International Union for Conservation of Nature and Natural Resources 的缩写，是一个国际组织，旨于世界自然环境的保护。

该联盟于1948年在瑞士格兰德（Gland）成立。由全球81个国家、120个政府组织、超过800个非政府组织、10000位专家及科学家组成。

IUCN是个独特的世界性联盟，是政府及非政府机构都能参与合作的少数几个

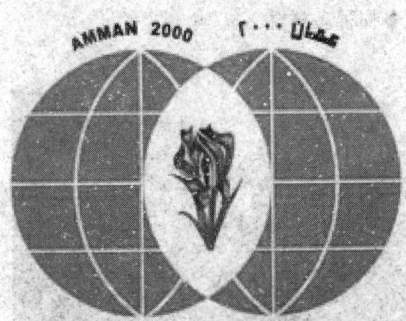
◆2000年安曼世界自然保护大会

国际组织之一。联盟的6个专家委员会及其他志愿者网络的各成员都以个人名义加入联盟,目前的总人数已超过8500名。

IUCN的组织形式:世界自然保护大会,联盟成员的国家委员会和地区委员会,理事会,专家委员会,秘书处。

生物多样性的分类

◆遗传多样性

生物多样性通常包括遗传多样性、物种多样性和生态系统多样性三个组成部分。

遗传多样性是生物多样性的重要组成部分。广义的遗传多样性是指地球上生物所携带的各种遗传信息的总和。狭义的遗传多样性主要是指生物种内基因的变化,包括种内不同种群之间以及同一种群内不同个体的遗传变异总和(世界资源研究所,1992)。

◆物种多样性

物种多样性是生物多样性的中心,是生物多样性最主要的结构和功能单位,是指地球上动物、植物、微生物等生物种类的丰富程度。物种多样性包括两个方面:一方面是指一定区域内物种的丰富程度,可称为区域物种多样性;另一方面是指生态学方面的物种分布的均匀程度,可称为生态多样性或群落多样性。物种多样性是衡量一定地区内生物资源丰富程度的一个客观指标。

◆生境多样性

人类还有未来吗——地球环境现状

遗传物质的改变

在生物的长期演化过程中，遗传物质的改变（或突变）是产生遗传多样性的根本原因。遗传物质的突变主要有两种类型，即染色体数目和结构的变化以及基因位点内部核苷酸的变化。前者称为染色体的畸变，后者称为基因突变（或点突变）。此外，基因重组也可以导致生物产生遗传变异。

生态系统是各种生物与其周围环境所构成的自然综合体。所有的物种都是生态系统的组成部分。从结构上看，生态系统主要由生产者、消费者、分解者所构成。生态系统的多样性主要是指地球上生态系统组成、功能的多样性以及各种生态过程的多样性，包括生境的多样性、生物群落和生态过程的多样化等多个方面。其中，生境的多样性是生态系统多样性形成的基础，生物群落的多样化可以反映生态系统类型的多样性。

◆生态系统

谁来保护我们的家园

生物多样性的价值

生物资源也就是生物多样性，有的生物已被人们作为资源所利用，另有更多生物，由于人们尚未知其利用价值而成为一种潜在的生物资源。

直接价值

直接价值也叫使用价值或商品价值，是人们直接收获和使用生物资源所形成的价值，包括消费使用价值和生产使用价值两个方面。消费使用价值指不经过市场流通而直接消费的一些自然产品的价值。生物资源对于居住在出产这些生物资源地区的人们来说是十分重要的。人们从自然界中获得薪柴、蔬菜、水果、肉类、毛皮、医药、建筑材料等生活必需品。尤其在一些经济不发达地区，利用生物资源是人们维持生计的主要方式。生产使用价值指商业上收获时，用于市场上进行流通和销售的产品的价值。生物资源的产品一经开发，往往会具有比其自身高出许多的价值，常见的生物资源产品包括：木材、鱼类、动物的毛皮、麝香、鹿茸、蜂蜜、橡胶、树脂、水果、染料等。

◆鹿茸

人类还有未来吗——地球环境现状

间接价值

生物资源的间接价值与生态系统功能有关，它并不表现在国家的核算体制上，但它们的价值可能大大超过直接价值。而且直接价值常常源于间接价值，因为收获的动植物物种必须有它们的生存环境，而没有消费和使用价值的物种可能在生态环境起着重要作用，并供养那些有使用和消费价值的物种。生物多样性的间接价值包括非消费性使用价值、选择价值、存在价值和科学价值四种。非消费性使用价值指保护生物资源可以为人类带来日益增长的利益。如光合作用固定太阳能；生态系统的功能包括传粉、基因流动、异花授精的繁殖功能、维持环境的效力和对经济物种获取有益遗传品质有影响的物种，保持进化过程，在生态系统中使竞争者之间保持永恒的张力；污染物的吸收和分解，包括有机废物、农药以及空气和水污染物的分解作用；调节气候。生态系统对大气候及局部气候均有调节作用，包括对温度、降水和气流的影响。选择价值指保护野生动植物资源，以尽可能多的基因，可

◆大熊猫

◆千年银杏树（上图）、银杏叶（下图）

谁来保护我们的家园

以为农作物或家禽、家畜的育种提供更多可供选择的机会。存在价值指有些物种，尽管其本身的直接价值很有限，但它的存在能为该地区人民带来某种荣誉感或心理上的满足，例如我国的大熊猫。科学价值指有些动植物物种在生物演化历史上处于十分重要的地位，对其开展研究有助于搞清生物演化的过程，如银杏。

物种灭绝

人类能在短期内把山头削平、令河流改道，百年内使全球森林减少50%，这种毁灭性的干预导致的环境突变，使许多物种失去相依为命、赖以为生的家——生态环境，沦落到灭绝的境地，而且这种事态仍在持续着。在濒临灭绝的脊椎动物中，有67%的物种遭受生境丧失、退化与破碎的威胁。据统计，全世界每天有75个物种灭绝，每小时有3个物种灭绝。

◆旅鸽

旅鸽曾是北美随处可见的鸟类，几十亿只的大群飞来时遮云蔽日，在一百多年间，人类就将这种鸟捕尽杀绝了。当1941年9月最后一只旅鸽死去的时候，许多美国人感到震惊，眼瞧着这种曾多得不可胜数的鸟儿竟在人类的开发利用下灭绝，他们为旅鸽树起纪念碑，碑文充满着自责与忏悔："旅鸽，作为一个物种因人类的贪婪和自私，灭绝了。"

在濒临灭绝的脊椎动物中，有37%的物种受到过度开发的威胁，许多野生动物因被作为"皮可穿、毛可用、肉可食、器官可入药"的开发利用对象而遭灭顶之灾。象牙、犀牛角、虎皮、熊胆、鸟的羽毛、海龟的蛋、海豹的油、藏羚绒……更多的是野生动物的肉，无不成为人类待价而沽的商品。大肆捕杀地球上最大的动物——鲸，就是为了食用鲸油和生产宠物食品；残忍地捕鲨——这种已进化4亿年之久的软骨鱼类，割鳍后抛弃，只是为品尝鱼翅这道所谓的美食。人类啊，正是为了满足自己的利益（时人类还有未来吗——地球环境现状

尚、炫耀、取乐、口腹之欲），而去剥夺野生动物的根本利益（失去生命、甚至遭受灭族灭种之灾），暴殄天物，伤天害理！

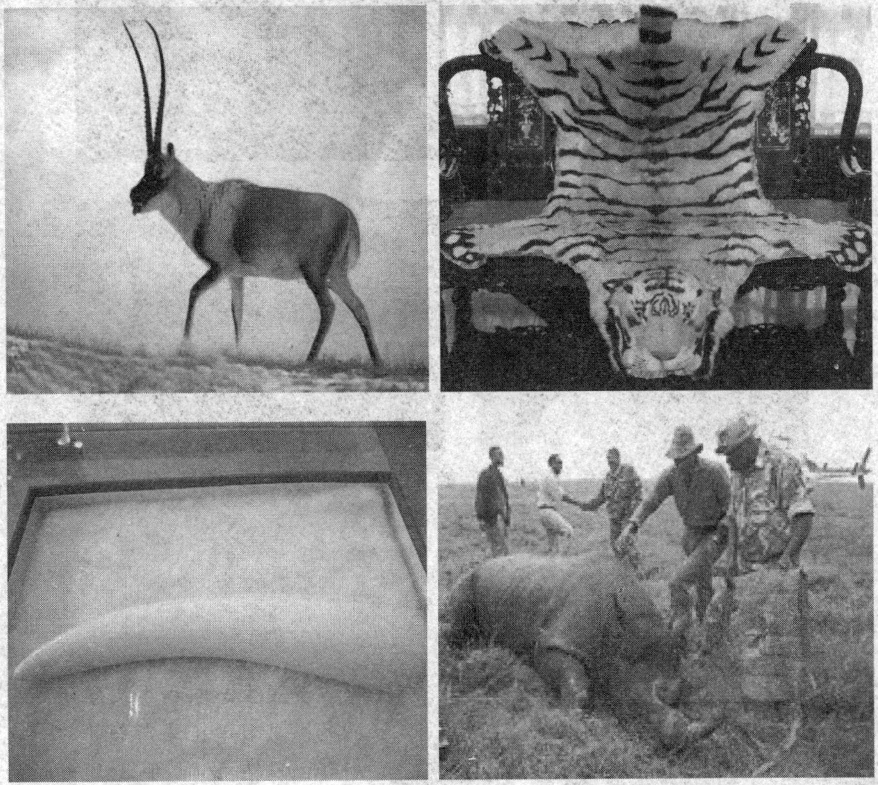

◆藏羚羊（左上）　东北虎皮（右上）　象牙（左下）　犀牛（右下）

 点击

　　对野生物种的商业性获取，其结果是"商业性灭绝"。目前，全球每年的野生动物黑市交易额都在100亿美元以上，与军火、毒品并驾齐驱，销蚀着人类的良心，加重着世界的罪孽。

谁来保护我们的家园

◆海豹（左上）　海龟（右上）　鲸（左下）　蓝鲨（右下）

知识库——第六次物种大灭绝

◆恐龙

英国生态学和水文学研究中心的杰里米·托马斯领导的一支科研团队在2004年3月出版的《科学》杂志上发表的英国野生动物调查报告称，在过去40年中，英国本土的鸟类种类减少了54％，本土的野生植物种类减少了28％，而本土蝴蝶的种类更是惊人地减少了71％。一直被认为种类和数量众多，有很强恢复能力的昆虫也开始面临灭绝的命运。

科学家们据此推断，地球正面临第六次生物大灭绝。中国科学院动物研究所首席研究员、中国濒危物种科学委员会常务副主任蒋志刚博士也认为，从自然保护生物学的角度来说，自工业革命开始，地球就已经进入了第六次物种大灭绝

人类还有未来吗——地球环境现状

时期。

地球第一次物种大灭绝发生在距今4.4亿年前的奥陶纪末期，大约有85%的物种灭绝。

在距今约3.65亿年前的泥盆纪后期，发生了第二次物种大灭绝，海洋生物遭到重创。

而发生在距今约2.5亿年前二叠纪末期的第三次物种大灭绝，是地球史上最大最严重的一次，估计地球上有96%的物种灭绝，其中90%的海洋生物和70%的陆地脊椎动物灭绝。

第四次发生在1.85亿年前，80%的爬行动物灭绝了。

第五次发生在6500万年前的白垩纪，也是为大家所熟知的一次，统治地球达1.6亿年的恐龙灭绝了。

现在正在进行之中的第六次物种大灭绝，人类成为罪魁祸首。